全国高职高专规划教材·电子电工系列

单片机原理与技术项目教程

主　编　张平川　李兴山
副主编　杨　洋

北京大学出版社
PEKING UNIVERSITY PRESS

内 容 简 介

本书以项目为载体组织教材内容，共安排了9个实用项目。把单片机教学知识点融合在相关项目中，满足了知识体系的完整性和技能获取的双重需要。本书的主要知识点有单片机指令系统和最小系统、定时与中断、串口通信技术、A/D与D/A接口技术、LED与LCD接口技术，通过全书9个项目的学习可掌握这些技术技能。另外，为了便于学生扩展技能，本书还安排了丰富的附录内容，尤其附录I可以使学生获取更多的应用模块知识技能。

本书可以作为高职高专院校电子技术、自动化、仪器仪表、电子信息技术、汽车电子等相关专业的教材，还可作为单片机培训教材，也可供单片机爱好者参考使用。

图书在版编目(CIP)数据

单片机原理与技术项目教程/张平川,李兴山主编. —北京:北京大学出版社,2014.1
(全国高职高专规划教材·电子电工系列)
ISBN 978-7-301-23567-6

Ⅰ.单… Ⅱ.①张…②李… Ⅲ.①单片微型计算机-高等职业教育-教材 Ⅳ.①TP368.1

中国版本图书馆 CIP 数据核字(2013)第 296420 号

书　　　　名:	单片机原理与技术项目教程
著作责任者:	张平川　李兴山　主编
策 划 编 辑:	桂　春
责 任 编 辑:	桂　春
标 准 书 号:	ISBN 978-7-301-23567-6/TM·0059
出 版 发 行:	北京大学出版社
地　　　　址:	北京市海淀区成府路 205 号　100871
电　　　　话:	邮购部 62752015　发行部 62750672　编辑部 62765126　出版部 62754962
网　　　　址:	http://www.pup.cn　新浪官方微博:@北京大学出版社
电 子 信 箱:	zyjy@pup.cn
印 　刷 　者:	涿州市星河印刷有限公司
经 　销 　者:	新华书店
	787 毫米×1092 毫米　16 开本　15 印张　350 千字
	2014 年 1 月第 1 版　2014 年 1 月第 1 次印刷
定　　　　价:	32.00 元

前　言

　　单片机已经广泛应用到军事装备、航空航天、工业智能化控制、汽车及家用电器等各个领域。单片机开发能力已经成为高职高专院校电子类、自动化类、电子信息类、汽车电子、自动检测、仪器仪表等专业学生的必备技能。单片机的主要特点是体积小、功能强、可靠性高等。单片机在学生技能方面具有承上启下的重要作用，即上承高端的智能化、数字信息化的应用，如 DSP 数字信号处理技术；下启自动控制检测及智能信息化。熟练掌握单片机技能能有效地提高学生技能层次，对提高学生就业质量及档次具有显著效果。

　　本书精选了典型且难度适宜的项目进行介绍，以 MCS-51 单片机为切入点。通过这些项目的训练，可以全面掌握单片机的基础知识，中断定时与串口等基本技术，常用 A/D、D/A、LED、LCD 等接口技术，MedWin、Proteus 及 C51、A51 等编程开发工具。

　　本书具有以下特点。

- 在体系上进行了创新，采用项目化任务驱动式编写方法，同时保留传统教材的优点，保证了知识体系的完整性和项目化技能训练的需要。
- 为保证学生扩展技能需要，以附录形式提供了丰富的模块应用案例及 Proteus 英文关键字以便于学习和查询，同时也介绍了其他一些开发工具的使用技能。书中丰富的模块有利于不同学校根据不同办学条件进行选择。
- 注重实用性，加强实践能力培养，遵循内容"必需、够用"的原则。

　　本书由 9 个项目及 9 个附录组成。其中项目一、项目三及附录 A、B、C 由漯河职业技术学院教师杨洋编写；项目二、项目八、项目九及附录 E、H、I 由河南科技学院教师张平川编写；项目四～项目七及附录 D、F、G 由漯河医学高等专科学校教师李兴山编写。全书由张平川统稿。

　　由于编者水平有限，书中难免有错误和不妥之处，敬请读者批评指正。

编　者

2013 年 12 月

目　　录

项目一　电子设备告警 LED 灯

一、项目目标

1. 通过告警 LED 灯项目学习，学会电子设备灯光告警电路设计方法。

2. 掌握单片机的基本硬件知识、最小系统，主要有单片机引脚功能、内部存储器分配、特殊功能寄存器 SFR 功能。

二、项目设计

（一）硬件电路设计

硬件电路原理图如图 1-1 所示。

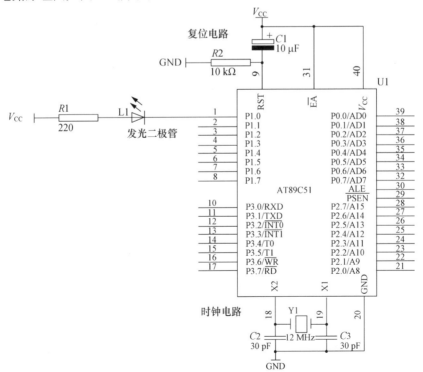

图 1-1　LED 灯电路原理图

图 1-1 中,当 P1.0 端口输出高电平,即 P1.0＝1 时,根据发光二极管的单向导电性可知,这时发光二极管 L1 熄灭;当 P1.0 端口输出低电平,即 P1.0＝0 时,发光二极管 L1 亮。可以使用 "SETB P1.0" 指令使 P1.0 端口输出高电平,使用 "CLR P1.0" 指令使 P1.0 端口输出低电平。

(二) 程序设计

1. 程序流程图

循环灯程序流程图如图 1-2 所示。

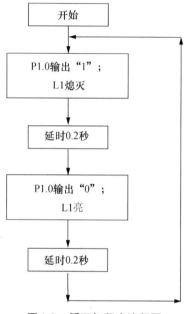

图 1-2　循环灯程序流程图

2. 源程序

汇编源程序

```
        ORG 0000H
START:
        CLR P1.0
        LCALL DELAY
        SETB P1.0
        LCALL DELAY
        LJMP START
DELAY:MOV R5,#20    ;0.2 秒延时子程序
    D1:MOV R6,#20
    D2:MOV R7,#248
        DJNZ R7,DJNZ R6,D2
        DJNZ R5,D1
        RET
END
```

C 语言源程序

```c
#include <AT89X51.H>
sbit L1 = P1^0;
void delay02s(void)    //延时 0.2 秒子程序
{
    unsigned char i,j,k;
    for(i=20;i>0;i--)
    for(j=20;j>0;j--)
    for(k=248;k>0;k--);
}
void main(void)
{
    while(1)
    {L1=0;delay02s();L1=1;delay02s();
    }
}
```

三、相关知识

（一）单片机基础

1. 单片机的概念

单片机是单片微型计算机的简称，是指集成在一个芯片上的微型计算机，也就是把组成微型计算机的各种功能部件，包括中央处理器 CPU（Central Processing Unit）、随机存取存储器 RAM（Random Access Memory）、只读存储器 ROM（Read-only Memory）、基本输入/输出（Input/Output）接口电路、定时器/计数器等部件都制作在一块集成芯片上，构成一个完整的微型计算机，从而实现微型计算机的基本功能。如图 1-3 所示为目前应用较多的 MCS-51 系列单片机内部结构及外部基本组成。

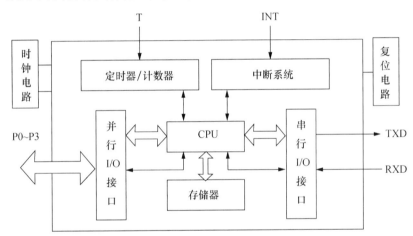

图 1-3　MCS-51 单片机内部结构及外部基本组成示意图

1）中央处理器（CPU）

中央处理器是单片机的核心，完成运算和控制功能。MCS-51 的 CPU 能处理 8 位二进制数或代码。

2）存储器

（1）内部数据存储器（内部 RAM）。8051 芯片中共有 256 个 RAM 单元，但其中后 128 单元被专用寄存器占用，能作为寄存器供用户使用的只有前 128 单元，用于存放可读写的数据。因此，通常所说的内部数据存储器就是指前 128 单元，简称内部 RAM。

（2）内部程序存储器（内部 ROM）。8051 共有 4 KB 掩膜 ROM，用于存放程序、原始数据或表格，因此称为程序存储器，简称内部 ROM。

3）定时器/计数器

8051 共有两个 16 位的定时器/计数器，以实现定时或计数功能，并以其定时或计数结果对计算机进行控制。

4）并行 I/O 口

MCS-51 共有 4 个 8 位的 I/O 口（P0、P1、P2、P3），以实现数据的并行输入/输出。在项目中使用了 P1 口，通过 P1.0 口连接一个发光二极管。

5）串行口

MCS-51 单片机有一个全双工的串行口，以实现单片机和其他设备之间的串行数据传送。该串行口功能较强，既可作为全双工异步通信收发器使用，也可作为同步移位器使用。

6）中断控制系统

MCS-51 单片机的中断功能较强，以满足控制应用的需要。8051 共有 5 个中断源，即外中断两个、定时/计数中断两个、串行中断一个。全部中断分为高级和低级两个优先级别。

7）时钟电路

MCS-51 芯片的内部有时钟电路，但石英晶体和微调电容需外接。时钟电路为单片机产生时钟脉冲序列。系统允许的晶振频率一般为 6 MHz 和 12 MHz。

2. MCS-51 单片机的信号引脚

MCS-51 单片机的典型芯片是 8031、8051、8751。8051 内部有 4 KB ROM，8751 内部有 4KB EPROM，8031 内部无 ROM；除此之外，三者的内部结构及引脚完全相同。因此，以 8051 为例，说明本系列单片机的信号引脚。MCS-51 单片机引脚图如图 1-4 所示。

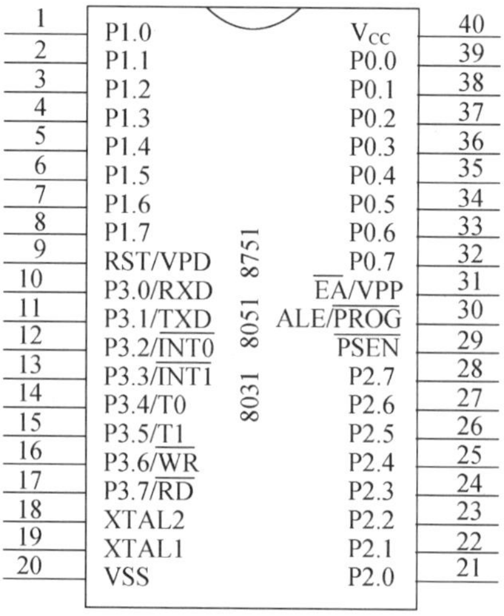

图 1-4　MCS-51 单片机引脚图

1）信号引脚介绍

P0.0～P0.7：P0 口 8 位双向 I/O 口线。

P1.0～P1.7：P1 口 8 位准双向 I/O 口线。

P2.0～P2.7：P2 口 8 位准双向 I/O 口线。

P3.0～P3.7：P3 口 8 位准双向 I/O 口线。

ALE：地址锁存控制信号。在系统扩展时，ALE 用于控制把 P0 口输出的低 8 位地址锁存起来，以实现低位地址和数据的隔离。此外，由于 ALE 是以晶振 1/6 的固定频率输出的正脉冲，因此可作为外部时钟或外部定时脉冲使用。

$\overline{\text{PSEN}}$：外部程序存储器读选通信号。在读外部 ROM 时，低电平有效，以实现外部 ROM 单元的读操作。

$\overline{\text{EA}}$：访问程序存储控制信号。当信号为低电平时，对 ROM 的读操作限定在外部程序存储器；当信号为高电平时，对 ROM 的读操作是从内部程序存储器开始，并可延至外部程序存储器。

RST：复位信号。当输入的复位信号延续两个机器周期以上的高电平时即为有效，用以完成单片机的复位初始化操作。

XTAL1 和 XTAL2：外接晶体引线端。当使用芯片内部时钟时，此两引线端用于外接石英晶体和微调电容；当使用外部时钟时，用于接外部时钟脉冲信号。

VSS：地线。

V_{CC}：+5 V 电源，误差不要超过 ±5%。

以上是 MCS-51 单片机芯片 40 条引脚的定义及简单功能说明，读者可以对照实训电路找到相应引脚，在电路中查看每个引脚的连接使用。

2）信号引脚的第二功能

由于工艺及标准化等原因，芯片的引脚数目是有限制的。如果把前述的信号定义为引脚第一功能的话，则根据需要再定义的信号就是它的第二功能。下面介绍一些信号引脚的第二功能。P3 口各引脚与第二功能如表 1-1 所示。

表 1-1　P3 口各引脚与第二功能

引　　脚	第二功能	信号名称
P3.0	RXD	串行数据接收
P3.1	TXD	串行数据发送
P3.2	$\overline{\text{INT0}}$	外部中断 0 申请
P3.3	$\overline{\text{INT1}}$	外部中断 1 申请
P3.4	T0	定时器/计数器 0 的外部输入
P3.5	T1	定时器/计数器 1 的外部输入
P3.6	$\overline{\text{WR}}$	外部 RAM 写选通
P3.7	$\overline{\text{RD}}$	外部 RAM 读选通

备用电源引入：MCS-51 单片机的备用电源也是以第二功能的方式由 9 脚（RST/VPD）引入的。当电源发生故障，电压降低到下限值时，备用电源经此端向内部 RAM 提供电压，以保护内部 RAM 中的信息不丢失。

3. MCS-51 内部数据存储器

MCS-51 单片机的芯片内部有 RAM 和 ROM 两类存储器，即所谓的内部 RAM 和内部 ROM，首先分析内部 RAM。

1）内部数据存储器低 128 单元

8051 的内部 RAM 共有 256 个单元，通常把这 256 个单元按其功能划分为两部分：低 128 单元（单元地址 00H～7FH）和高 128 单元（单元地址 80H～FFH）。图 1-5 为低 128

单元的配置图。

30H～7FH	用户数据缓冲区
20H～2FH	位寻址区（00H～7FH）
18H～1FH	工作寄存器 3 区（R7～R0）
10H～17H	工作寄存器 2 区（R7～R0）
08H～0FH	工作寄存器 1 区（R7～R0）
00H～07H	工作寄存器 0 区（R7～R0）

图 1-5　片内 RAM 的配置

低 128 单元是单片机的真正 RAM 存储器，按其用途划分为寄存器区、位寻址区和用户 RAM 区 3 个区域。

（1）寄存器区。8051 共有 4 组寄存器，每组 8 个寄存单元（各为 8），各组都以 R0～R7 作寄存单元编号。寄存器常用于存放操作数中间结果等。由于它们的功能及使用不作预先规定，因此称为通用寄存器，有时也称为工作寄存器。4 组通用寄存器占据内部 RAM 的 00H～1FH 单元地址。在任一时刻，CPU 只能使用其中的一组寄存器，并且把正在使用的那组寄存器称为当前寄存组。到底是哪一组，由程序状态字寄存器 PSW 中 RS1、RS0 位的状态组合来决定。

（2）位寻址区。具有位寻址能力是 MCS-51 的一个重要特点。内部 RAM 的 20H～2FH 单元，既可作为一般 RAM 单元使用，进行字节操作，也可以对单元中每一位进行位操作，因此把该区称为位寻址区。位寻址区共有 16 个 RAM 单元，即 128 位，地址为 00H～7FH。MCS-51 具有布尔处理机功能，这个位寻址区可以构成布尔处理机的存储空间。表 1-2 为位寻址区的位地址。

表 1-2　片内 RAM 位寻址区的位地址

单元地址	MSB	位地址						LSB
2FH	7F	7E	7D	7C	7B	7A	79	78
2EH	77	76	75	74	73	72	71	70
2DH	6F	6E	6D	6C	6B	6A	69	68
2CH	67	66	65	64	63	62	61	60
2BH	5F	5E	5D	5C	5B	5A	59	58
2AH	57	56	55	54	53	52	51	50
29H	4F	4E	4D	4C	4B	4A	49	48
28H	47	46	45	44	43	42	41	40
27H	3F	3E	3D	3C	3B	3A	39	38
26H	37	36	35	34	33	32	31	30
25H	2F	2E	2D	2C	2B	2A	29	28
24H	27	26	25	24	23	22	21	20
23H	1F	1E	1D	1C	1B	1A	19	18
22H	17	16	15	14	13	12	11	10
21H	0F	0E	0D	0C	0B	0A	09	08
20H	07	06	05	04	03	02	01	00

（3）用户 RAM 区。在内部 RAM 低 128 单元中，通用寄存器占去 32 个单元，位寻址区占去 16 个单元，剩下 80 个单元，这就是供用户使用的一般 RAM 区，其单元地址为 30H～7FH。对用户 RAM 区的使用没有任何规定或限制，但在一般应用中常把堆栈开辟在此区中。

2）内部数据存储器高 128 单元

内部 RAM 的高 128 单元是供给专用寄存器使用的，其单元地址为 80H～FFH。因这些寄存器的功能已作专门规定，故称为专用寄存器（Special Function Register），也可称为特殊功能寄存器。

MCS-51 共有 21 个专用寄存器，如表 1-3 所示。

表 1-3　MCS-51 专用寄存器一览表

符号		单元地址	名称	位地址	
				符号	地址
*ACC		E0H	累加器 A	ACC. 7～ACC. 0	E7H～E0H
*B		F0H	乘法寄存器	B. 7～B. 0	F7H～F0H
*PSW		D0H	程序状态字	PSW. 7～PSW. 0	D7H～D0H
SP		81H	堆栈指针		
DPTR	DPL	82H	数据存储器指针（低 8 位）		
	DPH	83H	数据存储器指针（高 8 位）		
*IE		A8H	中断允许控制器	IE. 7～IE. 0	AFH～A8H
*IP		B8H	中断优先控制器	IP. 7～IP. 0	BFH～B8H
*P0		80H	端口 0	P0. 7～P 0. 0	87H～80H
*P1		90H	端口 1	P1. 7～P 1. 0	97H～90H
*P2		A0H	端口 2	P2. 7～P 2. 0	A7H～A0H
*P3		B0H	端口 3	P3. 7～P 3. 0	B7H～B0H
PCON		87H	电源控制及波特率选择		
*SCON		98H	串行口控制	SCON. 7～SCON. 0	9FH～98H
SBUF		99H	串行数据缓冲器		
*TCON		88H	定时控制	TCON. 7～TCON. 0	8FH～88H
TMOD		89H	定时器方式选择		
TL0		8AH	定时器 0 低 8 位		
TL1		8BH	定时器 1 低 8 位		
TH0		8CH	定时器 0 高 8 位		
TH1		8DH	定时器 1 高 8 位		

（1）程序计数器（Program Counter, PC）。PC 是一个 16 位的计数器，它的作用是控制程序的执行顺序。其内容为将要执行指令的地址，寻址范围达 64 KB。PC 有自动加 1 功能，从而实现程序的顺序执行。PC 没有地址，是不可寻址的，因此用户无法对它进行读

写，但可以通过转移、调用、返回等指令改变其内容，以实现程序的转移。因地址不在 SFR（专用寄存器）之内，一般不计作专用寄存器。

（2）累加器（Accumulator，ACC）。累加器为 8 位寄存器，是最常用的专用寄存器，功能较多，地位重要。它既可用于存放操作数，也可用来存放运算的中间结果。MCS-51 单片机中大部分单操作数指令的操作数就取自累加器，许多双操作数指令中的一个操作数也取自累加器。

（3）B 寄存器。B 寄存器是一个 8 位寄存器，主要用于乘除运算。乘法运算时，B 存乘数。乘法操作后，乘积的高 8 位存于 B 中，除法运算时，B 存除数。除法操作后，余数存于 B 中。此外，B 寄存器也可作为一般数据寄存器使用。

（4）程序状态字（Program Status Word，PSW）。程序状态字是一个 8 位寄存器，用于存放程序运行中的各种状态信息。PSW 的各位定义如表 1-4 所示。

表 1-4　PSW 各位定义信息

PSW 位地址	D7H	D6H	D5H	D4H	D3H	D2H	D1H	D0H
位符号	CY	AC	F0	RS1	RS0	OV	F1	P

CY（PSW.7）——进位标志位。CY 是 PSW 中最常用的标志位。其功能有二：一是存放算术运算的进位标志，在进行加或减运算时，如果操作结果的最高位有进位或借位时，CY 由硬件置"1"，否则清"0"；二是在位操作中，作累加位使用。位传送、位与、位或等位操作，操作位之一固定是进位标志位。

AC（PSW.6）——辅助进位标志位。在进行加减运算中，当低 4 位向高 4 位进位或借位时，AC 由硬件置"1"，否则 AC 位被清"0"。在 BCD 码调整中也要用到 AC 位状态。

F0（PSW.5）——用户标志位。这是一个供用户定义的标志位，需要利用软件方法置位或复位，用以控制程序的转向。

RS1 和 RS0（PSW.4、PSW.3）——寄存器组选择位。它们被用于选择 CPU 当前使用的通用寄存器组。当单片机上电或复位后，RS1 RS0 =00。通用寄存器共有 4 组，其对应关系如表 1-5 所示。

表 1-5　工作寄存器组的选择

RS1	RS0	寄存器组	片内 RAM 地址
0	0	第 0 组	00H～07H
0	1	第 1 组	08H～0FH
1	0	第 2 组	10H～17H
1	1	第 3 组	18H～1FH

OV（PSW.2）——溢出标志位。在带符号数加减运算中，OV =1 表示加减运算超出了累加器 A 所能表示的符号数有效范围（ −128～ +127），即产生了溢出，因此运算结果是错误的；否则，OV =0 表示运算正确，即无溢出产生。在乘法运算中，OV =1 表示乘积超过 255，即乘积分别在 B 与 A 中；否则，OV =0 表示乘积只在 A 中。在除法运算中，OV =1 表示除数为 0，除法不能进行；否则，OV =0 表示除数不为 0，除法可正常进行。

P（PSW.0）——奇偶标志位。表明累加器 A 中内容的奇偶性。如果 A 中有奇数个

"1"，则 P 置"1"，否则置"0"。凡是改变累加器 A 中内容的指令均会影响 P 标志位。此标志位对串行通信中的数据传输有重要的意义。在串行通信中常采用奇偶校验的办法来校验数据传输的可靠性。

（5）数据指针（DPTR）。数据指针为 16 位寄存器。编程时，DPTR 既可以按 16 位寄存器使用，也可以按两个 8 位寄存器分开使用，即 DPH（DPTR 高位字节）、DPL（DPTR 低位字节）。DPTR 通常在访问外部数据存储器时作地址指针使用。由于外部数据存储器的寻址范围为 64 KB，故把 DPTR 设计为 16 位。

（6）堆栈指针（Stack Pointer，SP）。堆栈是一个特殊的存储区，用来暂存数据和地址，它是按"先进后出"的原则存取数据的。堆栈共有两种操作：进栈和出栈。由于 MCS-51 单片机的堆栈设在内部 RAM 中，因此 SP 是一个 8 位寄存器。系统复位后，SP 的内容为 07H，从而复位后堆栈实际上是从 08H 单元开始的。但 08H～1FH 单元分别属于工作寄存器 1～3 区，如程序要用到这些区，最好把 SP 值改为 1FH 或更大的值。一般在内部 RAM 的 30H～7FH 单元中开辟堆栈。SP 的内容一经确定，堆栈的位置也就跟着确定下来，由于 SP 可初始化为不同值，因此堆栈位置是浮动的。

此处，仅仅介绍了 6 个专用寄存器，其余的专用寄存器（如 TCON、TMOD、IE、IP、SCON、PCON、SBUF 等）将在后面介绍。

对专用寄存器的字节寻址问题做以下几点说明。

① 21 个可字节寻址的专用寄存器是不连续地分散在内部 RAM 高 128 单元之中，尽管还余有许多空闲地址，但用户并不能使用。

② 程序计数器 PC 不占据 RAM 单元，它在物理上是独立的，因此是不可寻址的寄存器。

③ 对专用寄存器只能使用直接寻址方式，书写时既可使用寄存器符号，也可使用寄存器。

4. MCS-51 内部程序存储器

MCS-51 单片机的程序存储器用于存放编好的程序和表格常数。8051 片内有 4 KB 的 ROM，8751 片内有 4 KB 的 EPROM，8031 片内无程序存储器。MCS-51 的片外最多能扩展 64 KB 程序存储器，片内外的 ROM 是统一编址的。如 $\overline{EA}$ 引脚保持高电平，8051 的程序计数器 PC 在 0000H～0FFFH 地址范围内（即前 4 KB 地址）是执行片内 ROM 中的程序，当 PC 在 1000H～FFFFH 地址范围时，自动执行片外程序存储器中的程序；当 $\overline{EA}$ 引脚保持低电平时，只能寻址外部程序存储器，片外存储器可以从 0000H 开始编址。

MCS-51 单片机的程序存储器中有些单元具有特殊功能，使用时应予以注意。其中一组特殊单元是 0000H～0002H。系统复位后，（PC）＝0000H，单片机从 0000H 单元开始取指令执行程序。如果程序不从 0000H 单元开始，应在这三个单元中存放一条无条件转移指令，以便直接转去执行指定的程序。还有一组特殊单元是 0003H～002AH，共 40 个单元。这 40 个单元被均匀地分为 5 段，作为 5 个中断源的中断地址区。其中：0003H～000AH，外部中断 0 中断地址区；000BH～0012H，定时器/计数器 0 中断地址区；0013H～001AH，外部中断 1 中断地址区；001BH～0022H，定时器/计数器 1 中断地址区；0023H～002AH，串行中断地址区。

5. 并行输入/输出口电路结构

1）P0 口

P0 口的内部结构电路如图 1-6 所示。

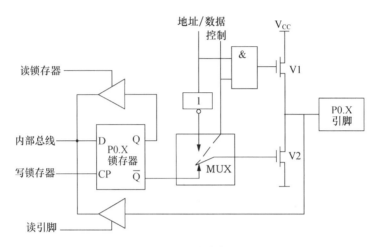

图 1-6　P0 口的内部结构

由图 1-6 可见，电路中包含有一个数据输出锁存器、两个三态数据输入缓冲器、一个数据输出的驱动电路和一个输出控制电路。当对 P0 口进行写操作时，由锁存器和驱动电路构成数据输出通路。由于通路中已有输出锁存器，因此数据输出时可以与外设直接连接，而不需再加数据锁存电路。P0 口既可以作为通用的 I/O 口进行数据的输入/输出，也可以作为单片机系统的地址/数据线使用，为此在 P0 口的电路中有一个多路转接电路 MUX。

2）P1 口

P1 口的内部结构电路如图 1-7 所示。

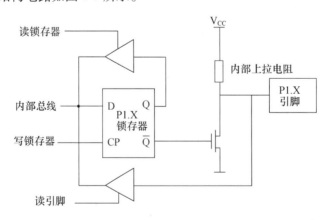

图 1-7　P1 口的内部结构

P1 口通常是作为通用 I/O 口使用的，所以在电路结构上与 P0 口有一些不同之处：没有多路转接电路MUX；电路的内部有上拉电阻，与场效应管共同组成输出驱动电路。为此，P1口作为输出口使用时，已经能向外提供推拉电流负载，无须再外接上拉电阻。当P1口作为输入口使用时，同样也需先向其锁存器写"1"，使输出驱动电路的场效应晶体管（FET）截止。

3）P2口

P2口的内部结构电路如图1-8所示。

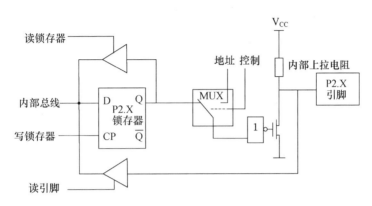

图1-8　P2口的内部结构

P2口电路比P1口电路多了一个多路转接电路MUX，这又正好与P0口一样。P2口可以作为通用I/O口使用，这时多路转接电路开关倒向锁存器Q端。通常情况下，P2口是作为高位地址线使用，此时多路转接电路开关应倒向相反方向。

4）P3口

P3口的内部结构电路如图1-9所示。

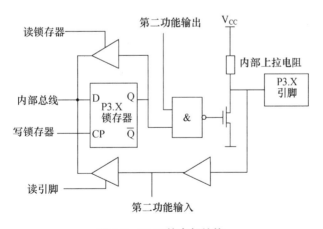

图1-9　P3口的内部结构

P3口增加了第二功能控制。由于第二功能信号有输入和输出两类，因此分两种情况说明。对于第二功能为输出的信号引脚作为I/O使用时，"第二功能信号"保持高电平，与非门开通，使得锁存器到输出端数据输出通路的畅通。当输出第二功能信号时，该位的锁存器应置"1"，与非门对第二功能信号的输出是畅通的，从而实现第二功能信号的输出。无论是作为输入口使用还是第二功能信号输入，输出电路中的锁存器输出和第二功能输出信号线都应保持高电平。

（二）最小系统及其扩展系统

最小系统一般是指 51 系列单片机 CPU 配合时钟电路和复位电路组成的电路，如图 1-10 所示。最小系统中的复位电路如图 1-11 所示。当系统资源如 ROM/RAM 不足时，可以进行如图 1-12 所示的扩展。

可以将 ROM/RAM 等芯片按照 AB、CB、DB 三总线连接为需要的电路。

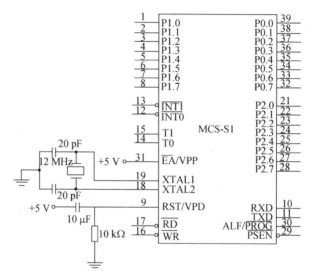

图 1-10　51 系列单片机最小系统

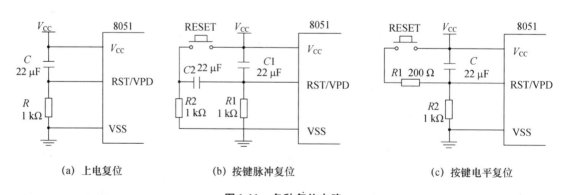

（a）上电复位　　　　（b）按键脉冲复位　　　　（c）按键电平复位

图 1-11　各种复位电路

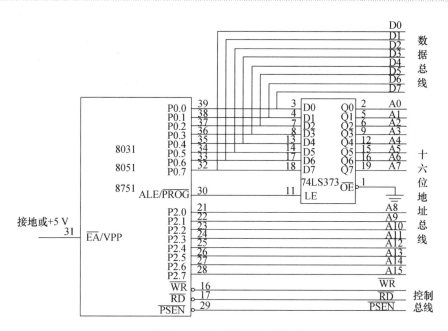

图 1-12　最小系统的扩展示意图

四、项目小结

通过本项目 LED 告警灯应学会电子设备告警电路设计。在项目实施中学习单片机的基础知识，主要有单片机引脚功能、内部结构、最小系统及扩展结构。重点是掌握最小系统及 P0～P3 口、SFR 功能。最小系统能够运行起来的必要条件：电源、晶振、复位电路。对单片机任意 I/O 口的随意操作输出控制电平高低、输出检测电平高低。

思考与练习

1. 画出 MCS-51 系列单片机的最小系统结构图。
2. 画出 MCS-51 系列单片机的扩展系统结构图。
3. 简单叙述 P0～P3 口应用要点。
4. 什么是堆栈？它的数据操作原则是什么？
5. 叙述 PSW 各位的含义。
6. MCS-51 单片机有哪些特殊功能寄存器？
7. 简要说明 MCS-51 系列单片机复位电路的主要形式。
8. 简要说明 EA 信号的作用。
9. 简要说明 P3 口的第二功能有哪些。
10. 简要说明 P0～P3 口什么时候需要外接上拉电阻，什么时候不需要。
11. 简述 MCS-51 单片机复位信号的作用，并在实施中进行有无复位信号的电路运行对比。

项目二　广告流彩灯

一、项目目标

1. 通过学习广告流彩灯项目，熟悉单片机仿真开发系统及工具 MedWin 3.0 和 Proteus 的使用方法，掌握其基本功能与操作过程。

2. 掌握用 MedWin A51/C51 语言编辑和输入源程序的方法。

3. 会对源程序进行汇编、纠错和调试。

4. 掌握用 Proteus 仿真广告流彩灯的方法。

二、项目设计

（一）MedWinV3.0 介绍

1. MedWin 特点

MedWin 软件是万利电子有限公司 Insight 系列仿真开发系统的高性能集成开发环境。集编辑、编译/汇编、在线模拟调试为一体，VC 风格的用户界面，完全支持 Franklin/Keil C 扩展 OMF 格式文件，支持所有变量类型及表达式。

2. MedWin 3.0 的使用方法

MedWin 3.0 软件的使用步骤如下。

（1）打开 MedWin 3.0 仿真软件。

（2）单击"项目管理（P）"菜单，新建一个项目，并保存该项目。保存以后再新建一个文件（可以是汇编文件或 C 语言文件），输入文件名并保存。单击"项目管理"下的"添加文件"。

（3）添加文件后选择"产生代码并装入"选项，将代码装入便可以进行各种调试了。

（4）选择"调试"菜单中的"单步"选项，运行结束之后，查看 RAM 中的结果。

汇编通过以后，单击"产生代码"按钮来产生代码，同样也可以在产生代码结果窗口中查看操作结果，可以在窗口中看到产生代码成功的提示，这就说明源代码产生 .HEX 代码成功。

在"查看"菜单下有"寄存器"、"特殊功能寄存器（SFR）"、"数据区"等选项，可以通过它们来查看相应的内容。除此以外，在"外围部件"菜单下还能找到定时器/计数器、中断、串行口等窗口，用来在调试和仿真程序时查看相应的内容。如果觉得调出的窗口排列不太利于自己查看的话，还可以通过"窗口"菜单下的层叠窗口、横向平铺窗口或纵向平铺窗口来进行调整，以便观察。

调试工具栏中的工具从左到右依次是：全速运行、禁止断点并全速运行、指令跟踪、指令单步、执行到光标处、执行到函数/子程序结束、自动运行、停止运行、复位、设置/清除断点。这些命令功能很容易从名称上看出，使用时只需单击相应按钮就可以了。在这里注意以下几点。

（1）设置/清除断点：设置断点可使程序在全速运行情况下运行到断点处停止（断点所在行不运行）。

（2）指令跟踪和指令单步：它们的区别主要在对子程序的执行上。指令跟踪可以实现在子程序内部进行单步执行；而指令单步则会一次将整个子程序执行结束，从而跳到子程序的下一个语句上。

通过以上介绍不难发现，它们中有的功能几乎相同，可以任意选择来仿真调试程序。

MedWin 软件的使用详细说明如下。

（1）开发系统和目标板连接好，并接上电源。

（2）启动 MedWin 中文版，初次启动出现如图 2-1 所示的界面，再次启动出现如图2-2所示的界面。

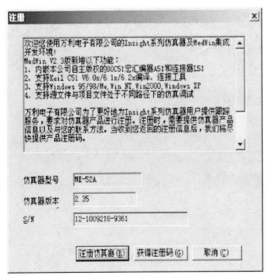

图 2-1　注册界面

图 2-2　端口选择界面

单击"取消"或"模拟仿真"按钮进入 MedWin 集成开发环境，出现如图 2-3 所示的界面。

（3）设置汇编（或编译）环境。第一次在 MedWin 中使用汇编语言汇编（C51 编译）环境需进行"编译/汇编/连接配置"（以后使用不需再配置了）。单击"设置"菜单项，在弹出如图 2-4 所示的下拉菜单中选择"设置向导"选项,弹出如图 2-5 所示的编译/汇编/连接配置界面。

单击"下一步"按钮,弹出如图 2-6 所示的界面,在该界面中设置"系统头文件路径"和"系统库文件路径"。选择"源程序扩展名"为"ASM"(或"C"),若采用汇编语言编制源程序,应选择"ASM",然后单击"完成"按钮即可。

图 2-3　MedWin 集成开发环境界面

图 2-4　"设置"下拉菜单

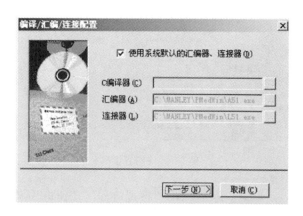

图 2-5　编译/汇编/连接配置界面

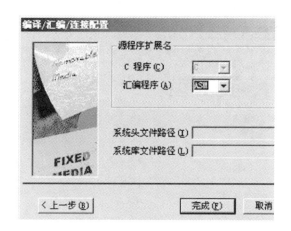

图 2-6　设置编译/汇编环境

（4）新建（或打开）文件。在图 2-3 中单击"文件"菜单，出现如图 2-7 所示的下拉菜单，选择"新建"（或"打开"）文件，出现如图 2-8 所示的新建文件界面，选择文件存放路径，输入文件名，单击"打开"按钮。可使用开发系统提供的编辑器编辑扩展名为.ASM 的源程序（或在 Windows 和 DOS 环境下编辑的源程序），如 ××.ASM。编制源程序时，可在每条指令的后面加必要的文字注释，但注释前须用分号间隔。若用 C 语言编制源程序时，文件名应为 ××.C。

（5）对源程序进行汇编（或编译）。源程序编好后，在图 2-3 中单击"项目管理"菜单，如图 2-9 所示。选择"编译/汇编"菜单项（或按 Ctrl + F7 组合键）对当前的源程序进行"编译/汇编"。若采用汇编语言编制源文件，将对当前文件进行汇编。若采用 C 语言编制源文件，将对当前文件进行编译。

（6）排除错误。文件经过"编译/汇编"后，在消息窗口将会出现纠错信息，该信息将提示错误出现的位置及错误的类型和数量等，使用者可根据该信息对源程序的错误进行纠正，纠正后再重新进行"编译/汇编"直至错误信息数量为"0"。

（7）产生代码并装入仿真器。在如图 2-9 所示的"项目管理"菜单项中选择"产生代码并装入"选项（或按 Ctrl + F8 组合键），将生成的文件代码装入（Load）单片机开发系统的仿真 RAM 中。

图 2-7　"文件"下拉菜单

图 2-8　新建文件界面

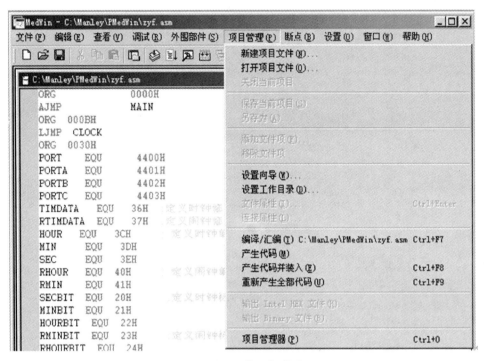

图2-9 "项目管理"菜单项

（8）调试程序。产生代码并装入仿真器完成后，在图2-3中单击"调试"菜单，如图2-10所示。再根据调试的需要选择各种不同的调试方法对程序进行调试。在编译/汇编源程序时，汇编（或编译）系统只能提示源程序的逻辑、符号等方面的错误信息，而对程序运行的结果是否正确、运行的过程是否符合编程者的设计要求等将无法做出正确判别。因此，设计者必须运用开发系统所提供的各种调试功能，快速有效地排查程序存在的各种问题，直至程序完全符合设计要求为止。

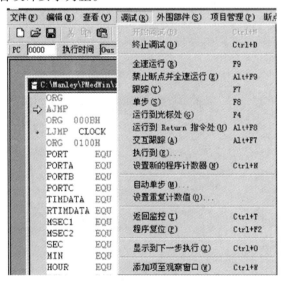

图2-10 "调试"菜单项

（9）输出代码文件。程序调试完毕，可在图 2-9 中选择"产生代码"选项来生成相应的目标文件，以便将目标程序写入芯片。

熟练掌握开发系统提供的各种调试功能，合理选择调试方法可提高调试程序的效率。

3. 程序调试的常用方法

1）单步运行调试（F8）

每按一次 F8 键，系统就按照图 2-11 中程序计数器 PC 所指示的地址（黄色箭头处）执行该条指令，且 PC 的内容将自动指向下一条将要执行指令的地址，黄色光标也向下移动一次。

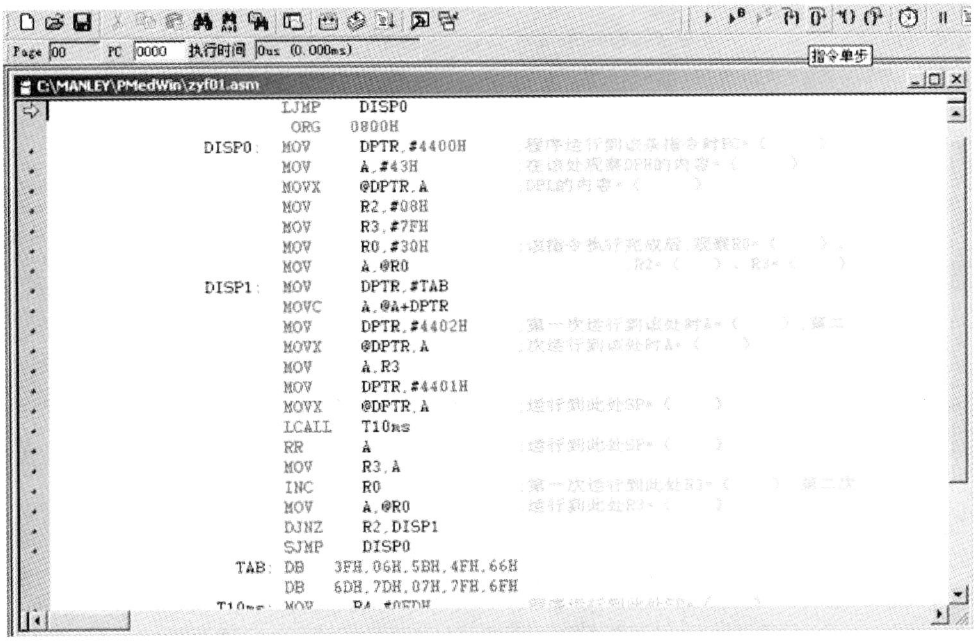

图 2-11 单步运行调试

若单步运行的是调用子程序指令（LCALL XX、ACALL XX），它将把被调用子程序内部的所有指令全部执行完毕，PC 的内容将自动指向该调用指令的下一条指令处。所以采用单步运行能快速观察被调用子程序执行后的最终结果，但无法观察子程序内部各条指令的执行状况。

2）跟踪运行调试（F7）

与单步运行调试相似，每按一次 F7 键，系统就执行一条指令。但当执行调用指令（LCALL XX、ACALL XX）时，跟踪运行可以跟踪到子程序内部。所以跟踪运行调试可观察程序从主程序转入子程序、子程序内部各条指令的运行及子程序返回的运行过程。

3）全速运行至光标处调试（F4）

先将光标调到某条需要观察执行结果的指令处，如图 2-12 所示。再按 F4 键，程序将从当前 PC 所指示的位置全速运行到光标处，如图 2-13 所示。此方法可根据操作者的实际需要，快速观察程序运行至某处的执行结果，加快调试程序的速度。

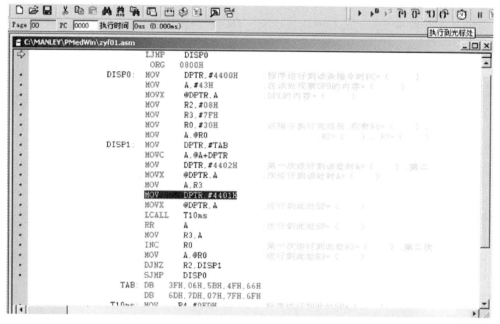

图 2-12　运行到断点

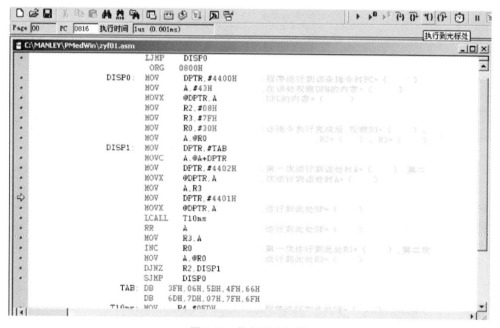

图 2-13　执行到光标处

4）全速连续运行调试（F9）

当按 F9 键时，程序将从当前的 PC 处开始全速连续运行程序，如图 2-14 所示。可通过"停止"按钮终止程序的运行，全速连续运行调试便于观察程序连续运行状态下相关显示及控制过程的动态过程。

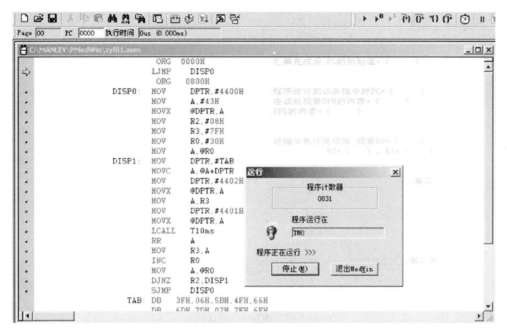

图 2-14　全速连续运行调试

5）设置断点调试（F2）

用鼠标单击某条指令前的圆标点，或将光标设置在某条指令处，再按 F2 键，在该指令前将出现一个黄色标记符！（或红色标记线），如图 2-15 所示，表示此处已被设置为断点。若从起始地址开始全速运行程序，程序运行至断点处就停止，如图 2-16 所示。此方法可快速观察程序运行到断点处的运行结果。

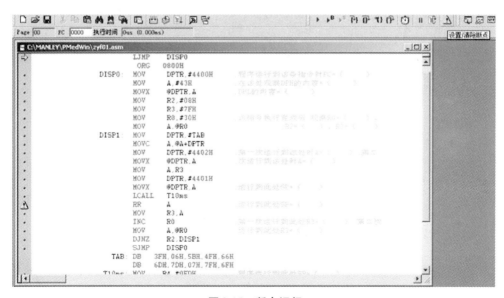

图 2-15　断点运行

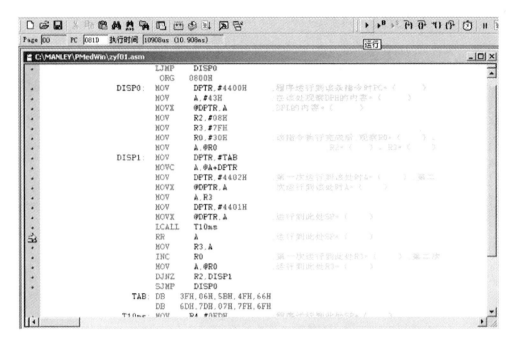

图 2-16　指定 PC 处运行

与全速运行至光标处调试（F4）相比，后者对断点有记忆功能，当重复调试程序时，每当程序运行到此处时都会停在该断点处，该方法特别适合于调试循环程序。可根据需要在程序的不同位置设置多个断点，用鼠标单击断点标记或在断点处再按 F2 键可取消断点。

6）自动单步运行调试

该方法可自动地单步运行逐条程序，且两条指令间的间隔时间可调，如图 2-17 所示。

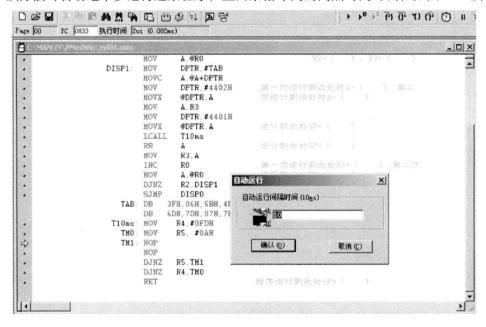

图 2-17　自动单步运行调试

7）设置程序计数器 PC 的内容（Ctrl + N）

单片机在复位时自动将 PC 的内容设定为 0000H，若要修改当前 PC 的内容，可将光标移到指定位置，再按 Ctrl + N 组合键，当前程序计数器 PC 的内容便被设置在此处。在调试程序时，有时需从某一地址处开始执行程序，可运用此方法修改程序起始地址 PC 的内容。

（二）Atmel Microcontroller ISP Software 介绍

1. Atmel Microcontroller ISP Software 的安装

Atmel Microcontroller ISP Software 软件安装比较简单，这里不再重点介绍。找到安装盘里的 AT89ISP 文件夹，单击"SETUP"图标，选择"Modify"选项进行安装即可，如图 2-18 所示。

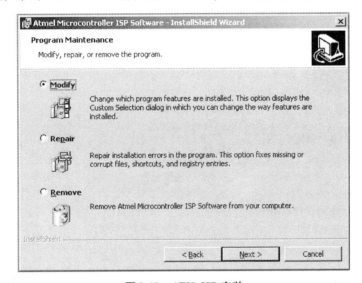

图 2-18　AT89 ISP 安装

2. Microcontroller ISP Software 软件的使用

Microcontroller ISP Software 是 Atmel 公司发行的一套免费的软件，它适合于 Atmel 公司的 AT89S 系列单片机的在线编程。它具有使用方便、编程快捷的特点。下面简单介绍一下这套软件使用的方法和注意事项。

（1）双击"Microcontroller ISP Software"图标，打开程序，单击工具栏里的"Select Port"图标，选择"并口 LPT1"（根据计算机的配置而定），如图 2-19 所示。单击 OK 按钮以后，再进行器件的选择。

图 2-19　端口设置

（2）选择器件。先单击器件目录前的"＋"号，展开目录，选择所用的器件如"AT89S52"。再选择读写模式"Page Mode"或"Byte Mode"。最后输入晶体振荡器的频率，输入"11"，单击 OK 按钮即可。这里振荡器的频率只能输入整数 11 MHz，如图 2-20所示。

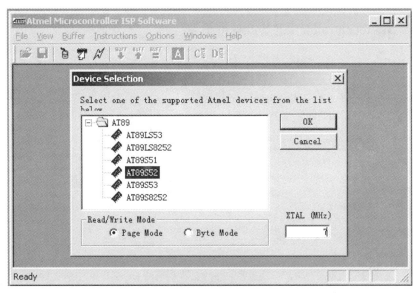

图 2-20　器件设置

（3）上一步确认之后，应该出现如图 2-21 所示的界面，表示计算机和 AT89S52 联机成功。如果出现联机失败的提示信息，请检查主机的并口是否完好，电缆是否有问题，振荡器是否振荡。这几项都没问题的话，更换 AT89S52 再试试看。

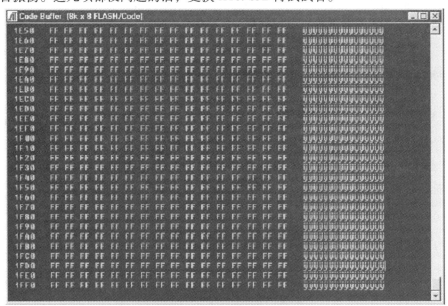

图 2-21　十六进制代码信息

（4）联机成功之后执行 File→Load Buffer 命令，在弹出的对话框中找到要编程的 ".hex" 文件，选中之后，单击 Open 按钮即可打开文件，如图 2-22 所示。

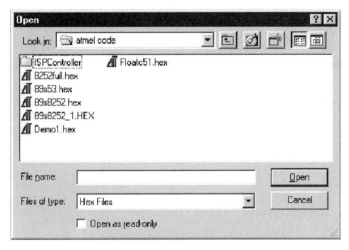

图 2-22 找到需要的目标文件

（5）接下来单击工具栏里的 "A" 标签（即 "Auto Program"）开始下载编程，也可以分步进行，如图 2-23 所示。完成以后单击 OK 按钮确认，进入加密位编程的操作。

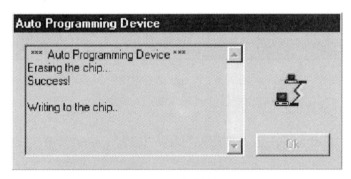

图 2-23 自动编程

（6）在这个步骤中可以直接单击 OK 按钮进行确认，也可以根据具体要求进行对加密位的编程，如图 2-24 所示。确认之后，这个芯片的在线编程已经完成。

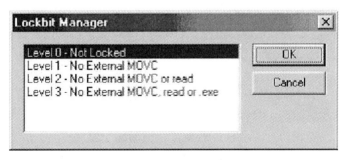

图 2-24 加密设置

（三）Proteus 仿真工具介绍

英国 Labcenter 公司的 Proteus 软件，作为一个从设计到完成的完整电子设计与仿真平台，由于其能实现电路仿真与处理器仿真的有机结合，为电子学的教学与实验提供了革命性的手段，现在已经被越来越多大学采用，成为电路、单片机与嵌入式系统实验及创新的平台。

Proteus 是电类课程教学的先进手段和实验的虚拟平台，是电类课程教改的新思路。

Proteus 是电类课程设计、毕业设计和实习、实训的创作园地。

Proteus 是电类课程——产品研发的快速、灵活、经济的设计方法。

Proteus 的结构体系图如图 2-25 所示。

		ISIS　智能原理图输入系统
		Prospice
Proteus	Proteus VSM（虚拟系统模型）	微控制器 CPU 库
		元器件和 VSM 动态器件库
		ASF　高级图表仿真
	Proteus PCB Design（印刷电路板主设计）	ISIS　智能原理图输入系统
		ASF　高级图表仿真
		ARES　高级布线编辑软件

图 2-25　Proteus 体系结构图

1. Proteus 软件的安装

下载软件后，双击 SETUP 安装图标即可完成安装。Proteus ISIS 直译为智能原理图输入系统。

2. Proteus ISIS 设计与仿真平台使用方法

1）软件启动

双击 ISIS 7 Professional 图标或者单击屏幕左下方的"开始"→"程序"→"Proteus 7 Professional"→"ISIS 7 Professional"，出现如图 2-26 所示的界面，随后就进入了 Proteus ISIS 集成环境。从 ISIS 窗口各栏内容可知，Proteus VSM 所包括的内容都已整合到 ISIS 中，所以 ISIS 实际上是 Proteus VSM 的设计与仿真平台。

2）工作界面

Proteus ISIS 的工作界面是一种标准的 Windows 界面，如图 2-27 所示。它包括标题栏、主菜单、标准工具栏、绘图工具栏、状态栏、对象选择按钮、预览对象方位控制按钮、仿真进程控制按钮、预览窗口、对象选择器窗口、图形编辑窗口。

图 2-26　软件启动时的界面

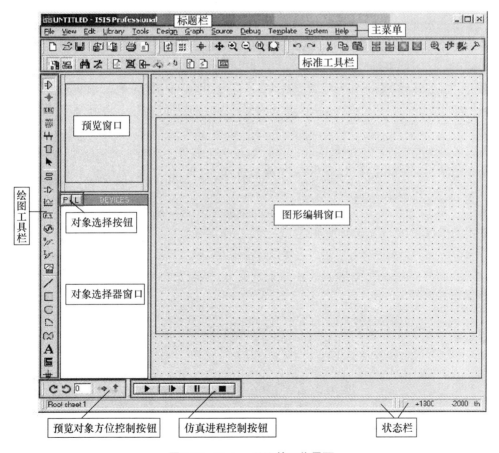

图 2-27　Proteus ISIS 的工作界面

3. Proteus 设计与仿真流程

单片机系统的开发过程可用 Proteus 来完成，其过程可分为以下三步。

（1）在 ISIS 平台上进行单片机系统原理图设计、选择元器件接插件、安装和电气检测。简称 Proteus 电路设计。

（2）在 Keil C 平台上进行单片机系统程序设计、汇编编译、代码级调试，最后生成目标级代码文件（＊.hex）。也可以使用 ISIS 进行调试。

（3）在 ISIS 平台上将目标代码文件加载到单片机系统中，并实现单片机系统的实时交互、协同仿真。

（四）汇编语言编程

机器语言（Machine Language）是指直接用机器码编写程序、能够为计算机直接执行的机器级语言。机器码是一串由二进制代码"0"和"1"组成的二进制数据，其执行速度快，但是可读性极差。机器语言一般只在简单的开发装置中使用，程序的设计、输入、修改和调试都很麻烦。

汇编语言（Assembly Language）是指用指令助记符代替机器码的编程语言。汇编语言程序结构简单，执行速度快，程序易优化，编译后占用存储空间小，是单片机应用系统开发中最常用的程序设计语言。汇编语言的缺点是可读性比较差，只有熟悉单片机的指令系统，并具有一定的程序设计经验，才能研制出功能复杂的应用程序。

高级语言（High-Level Language）是在汇编语言的基础上用自然语言的语句来编写程序，如 Franklin C51、MBASIC 51 等，程序可读性强，通用性好，适用于不熟悉单片机指令系统的用户。

高级语言编写程序的缺点是实时性不高，结构不紧凑，编译后占用存储空间比较大，这一点在存储器有限的单片机应用系统中没有优势。

1. 寻址方式

寻找操作数存放单元的地址的方式，共 7 种方式。具体应用方法见广告流彩灯源程序。

（1）立即数寻址。所要找的操作数是一二进制数或十进制数，出现在指令中，用"#"作前缀。

```
MOV A,#20H
```

（2）寄存器寻址。操作数存放在工作寄存器 R0～R7 中，或寄存器 B 中。

```
MOV  A,R2
```

（3）直接寻址。指令中直接给出操作数的地址。

```
MOV  A,30H
MOV  30H,DPH
```

（4）寄存器间接寻址。指令中寄存器的内容作为操作数存放的地址，指令中间接寻址寄存器前用"@"表示前缀。

（5）变址寻址。

    操作数地址＝变地址＋基地址

    基地址寄存器   DPTR 或 PC

    变址寄存器   @ A

该寻址方式常用于访问程序存储器、查表。

$$\text{MOV} \quad \text{A,@ A + DPTR}$$

（6）相对寻址。把指令中给定的地址偏移量与本指令所在单元地址（PC 内容）相加得到真正有效的操作数所存放的地址。

（7）位寻址。对 RAM 中的某可寻址位进行操作。

例如，SETB C；使进位标志位置 1。

2. 指令格式

汇编语言格式为：

［标号:］   操作码助记符   ［目的操作数,]   ［源操作数］   ［；注释］

其中，标号是该语句的符号地址，可根据需要而设置。当汇编程序对汇编语言源程序进行汇编时，再以该指令所在的地址值来代替标号。在编程的过程中，适当地使用标号，使程序便于查询、修改以及转移指令的编程。标号通常用于转移指令所需的转移地址。标号一般由 1～6 个字符组成，但第一个字符必须是字母，其余的可以是字母也可以是其他符号或数字。标号和操作码之间用冒号"："分开。

功能助记符又称为操作码。操作码和操作数（源操作数和目的操作数）是指令的核心部分。操作码使用 MCS-51 系列单片机所规定的助记符来表示，其功能在于告诉单片机的CPU 做何种操作。操作数分为目的操作数和源操作数，采用符号（如寄存器、标号等）或者常量（如立即数、地址值等）表示。操作码和目的操作数之间用空格分隔，而目的操作数和源操作数之间用逗号"，"隔开。在某些指令中可以没有操作数。注释是对指令的功能或作用的说明，但是注释不是一个指令的必要组成部分，可有可无。注释的主要作用是对程序段或者某条指令在整个程序中的作用进行解释和说明，以帮助阅读、理解和使用源程序。有无注释对源程序并无影响，但是如果使用注释的话，注释部分一定要用分号"；"隔开。

3. MCS-51 单片机汇编指令

按照指令的功能，可以把 MCS-51 的 111 条指令分成五类：数据传送类指令（29 条）；算术运算类指令（24 条）；逻辑运算类指令（24 条）；控制转移类指令（17 条）；位操作类指令（17 条）。为便于记忆，此处给出 111 条指令的助记符，具体应用方法参见附录 D内容。

指令中操作数的描述符号如下。

- Rn——工作寄存器 R0—R7。
- Ri——间接寻址寄存器 R0、R1。
- direct——直接地址，包括内部 128B RAM 单元地址、26 个 SFR 地址。
- #data——8 位常数。

- #data 16——16 位常数。
- addr 16——16 位目的地址。
- addr 11——11 位目的地址。
- rel——8 位带符号的偏移地址。
- DPTR——16 位外部数据指针寄存器。
- bit——可直接位寻址的位。
- A——累加器。
- B——寄存器 B。
- C——进、借位标志位，或位累加器。
- @——间接寄存器或基址寄存器的前缀。
- /——指定位求反。
- (x) ——x 中的内容。
- ((x)) ——x 中的地址中的内容。
- $——当前指令存放的地址。

1）数据传送类指令（7 种助记符）

MOV（英文为 Move）：对内部数据寄存器 RAM 和特殊功能寄存器 SFR 的数据进行传送。

MOVC（Move Code）：读取程序存储器数据表格的数据传送。

MOVX（Move External RAM）：对外部 RAM 的数据传送。

XCH（Exchange）：字节交换。

XCHD（Exchange low-order Digit）：低半字节交换。

PUSH（Push into Stack）：入栈。

POP（Pop from Stack）：出栈。

2）算术运算类指令（8 种助记符）

ADD（Addition）：加法。

ADDC（Add with Carry）：带进位加法。

SUBB（Subtract with Borrow）：带借位减法。

DA（Decimal Adjust）：十进制调整。

INC（Increment）：加 1。

DEC（Decrement）：减 1。

MUL（Multiplication、Multiply）：乘法。

DIV（Division、Divide）：除法。

3）逻辑运算类指令（10 种助记符）

ANL（AND Logic）：逻辑与。

ORL（OR Logic）：逻辑或。

XRL（Exclusive-OR Logic）：逻辑异或。

CLR（Clear）：清零。

CPL（Complement）：取反。

RL（Rotate Left）：循环左移。

RLC（Rotate Left through the Carry flag）：带进位循环左移。

RR（Rotate Right）：循环右移。

RRC（Rotate Right through the Carry flag）：带进位循环右移。

SWAP（Swap）：低4位与高4位交换。

4）控制转移类指令（17种助记符）

ACALL（Absolute subroutine Call）：子程序绝对调用。

LCALL（Long subroutine Call）：子程序长调用。

RET（Return from subroutine）：子程序返回。

RETI（Return from Interruption）：中断返回。

SJMP（Short Jump）：短转移。

AJMP（Absolute Jump）：绝对转移。

LJMP（Long Jump）：长转移。

JNE（Compare Jump if Not Equal）：比较不相等则转移。

DJNZ（Decrement Jump if Not Zero）：减1后不为0则转移。

JZ（Jump if Zero）：结果为0则转移。

JNZ（Jump if Not Zero）：结果不为0则转移。

JC（Jump if the Carry flag is set）：有进位则转移。

JNC（Jump if Not Carry）：无进位则转移。

JB（Jump if the Bit is set）：位为1则转移。

JNB（Jump if the Bit is Not set）：位为0则转移。

JBC（Jump if the Bit is set and Clear the bit）：位为1则转移，并清除该位。

NOP（No Operation）：空操作。

5）位操作指令（1种助记符）

SETB（Set Bit）：位置1。

4. 汇编伪指令

随着单片机的广泛应用和开发以装置功能的不断完善与发展，汇编语言源程序都借助系统机（PC等）进行编译、汇编和调试。因此，在编制汇编语言源程序时，常需应用伪指令。伪指令又称为汇编程序控制译码指令，属说明性汇编指令。"伪"字体现在汇编时不产生机器指令代码，不影响程序的执行，仅产生供汇编时用的某些命令，在汇编时执行某些特殊操作。常用的伪指令有以下几种。

（1）标号等值伪指令——EQU。

格式：〈标号:〉EQU〈表达式〉

指令的含义为本语句的标号等值于表达式，也即将表达式值赋予标号。这里的标号和表达式是必不可少的。

（2）定义标号值伪指令——DL。

格式：〈标号:〉DL〈表达式〉

其含义是定义该标号的值为表达式值，同样标号和表达式是不可缺少的。

（3）定义字节数据伪指令——DB或DEGB。

格式：〈标号:〉DB〈表达式或表达式串〉

式中表达式或表达式串是指一个字节或用逗号隔开的一个字节数据。其含义是将表达式或表达式串所指定的字节数据存入从标号开始的连续存储单元中。标号为可选项，它表示数据存入程序存储器的起始地址。

（4）定义字数据伪指令——DW 或 DEFW。

格式：〈标号:〉DW〈表达式或表达式串〉

本语句的含义是将作为操作部分的字数据（2B）或字数据串存入由标号指定的首地址按顺序连续单元中，定义字为双字节的数据。在执行汇编时，计算机会自动按高位字节在前、低位字节在后的顺序格式存入程序存储器单元中。

（5）存储区说明伪指令——DS。

格式：〈标号:〉DS〈表达式〉

其含义是以标号的值为首地址保留表达式所指定的若干存储单元空间作为备用。

（6）程序起始地址伪指令——ORG。

格式：ORG〈表达式〉

其含义是指定下面目标程序的起始地址为表达式值。表达式常为一个双字节地址数。

（7）汇编结束伪指令——END。

END 伪指令是汇编语言源程序结束的标志。源程序在汇编过程中执行完 END 伪指令，即结束伪指令，为调试方便，可根据调试需要而设置。它有两种格式：

格式 1：〈标号:〉END〈表达式〉

格式 2：〈标号:〉END

或者　　　END

5．程序结构

1）汇编语言程序结构

汇编语言程序结构如图 2-28 所示。

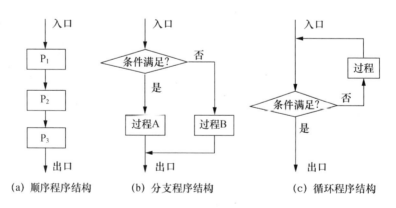

图 2-28　汇编语言程序结构

图 2-28（a）为顺序程序结构，是最简单、最基本的程序结构，其特点是按指令的排列顺序一条条地执行，直到全部指令执行完毕为止。不管多么复杂的程序，都是由若干顺序程序段所组成的。

图 2-28（b）为分支程序结构。在一个实际的应用程序中，程序不可能始终都是直线执行的。要用计算机解决某个实际问题，往往要求计算机能够做出一些判断，并根据不同的判断结果做出不同的处理，即产生不同的分支结构。分支结构程序可根据程序要求无条件或有条件地改变程序执行的顺序，选择新的程序流向。编写分支结构程序主要在于正确使用转移指令，即无条件转移和条件转移指令。

图 2-28（c）为循环程序结构。在程序设计过程中，常常遇到反复执行某一段程序的情况，这种情况下采用循环程序结构，可以缩短程序代码的长度，提高程序的质量和运行效率。

循环程序结构一般包括以下几个部分。

（1）置初值。置初值是设置用于循环过程工作单元的初始值，例如设置循环次数计数器、地址指针初值、存放变量的单元的初值。

（2）循环体。重复执行的程序段。

（3）循环修改。在单片机中，一般用一个工作寄存器 Rn 作为计数器，并给这个计数器赋初值作为循环的次数，运行程序时，每循环一次，则对该计数器进行修改。

（4）循环控制。判断循环控制变量（保存循环次数的变量）是否满足终止值的条件，如果满足则结束循环，顺序执行循环体之外的一些程序；如果不满足，则继续重复执行循环的工作部分，直到达到循环结束条件（死循环除外）。

2）子程序结构

能供调用的子程序，其结构应具备以下几个条件。

（1）必须标明子程序的入口地址，又称为首地址，以便程序调用。

（2）必须以返回指令 RET 结束子程序。

通常把基本操作功能编制为程序段作为独立的子程序，以供不同程序或同一程序反复调用。在程序中需要执行这种操作的地方放置一条调用指令，当程序执行到调用指令，就转到子程序中完成规定的操作，并返回到原来的程序继续执行下去。具体应用方法见广告流彩灯源程序。

（五）C51 编程

C 语言是一种编译型程序设计语言，它兼顾了多种高级语言的特点，并具备汇编语言的功能。目前，使用 C 语言进行程序设计已经成为软件开发的一个主流。用 C 语言开发系统可以大大缩短开发周期，明显增强程序的可读性，便于改进、扩充和移植。而针对 8051 的 C 语言日趋成熟，成为了专业化的实用高级语言。

1. C 语言的特点

C 语言作为一种非常方便的语言而得到广泛的支持，很多硬件开发都用 C 语言编程，如各种单片机、DSP、ARM 等。C 语言程序本身不依赖于机器硬件系统，基本上不做修改就可将程序从不同的单片机中移植过来。C 语言提供了很多数学函数并支持浮点运算，开发效率高，故可缩短开发时间，增加程序可读性和可维护性。

C51 与 ASM-51 相比，有如下优点。

（1）对单片机的指令系统不要求了解，仅要求对 8051 的存储器结构有初步了解。

（2）寄存器分配、不同存储器的寻址及数据类型等细节可由编译器管理。

（3）程序有规范的结构，可分成不同的函数，这种方式可使程序结构化。

（4）提供的库包含许多标准子程序，具有较强的数据处理能力。

（5）由于具有方便的模块化编程技术，使已经编好的程序可以容易地移植。

2. C51 数据类型

1）基本数据类型

基本数据类型如表 2-1 所示。

表 2-1　C51 基本数据类型

类　　型	符　　号	关　键　字	所占位数	数的表示范围
整型	有	（signed）int	16	−32 768～32 767
		（signed）short	16	−32 768～32 767
		（signed）long	32	−2 147 483 648～2 147 483 647
	无	unsigned int	16	0～65 535
		unsigned short int	16	0～65 535
		unsigned long int	32	0～4 294 967 295
实型	有	float	32	3.4e−38～3.4e+38
	有	double	64	1.7e−308～1.7e+307
字符型	有	char	8	−128～127
	有	unsigned char	8	0～255

2）C51 的数据类型扩充定义

sfr：特殊功能寄存器声明。

sfr16：sfr 的 16 位数据声明。

sbit：特殊功能位声明。

bit：位变量声明。

BYTE 字节型数据存储器：分 DBYTE、PBYTE、XBYTE、CBYTE 4 种。使用时先插入绝对地址头文件 <absacc.h>。

例如：
```
sfr SCON = 0X98;
sfr16 T2 = 0xCC;
sbit OV = PSW^2;
```

3）C51 数据的存储类型

例如：数据类型　　　　　　　变量名
```
char            var1;
bit             flags;
unsigned char   vextor[10];
int             wwww;
```

注意：变量名不能用 C 语言中的关键字表示。

4）C51 包含的头文件

通常有 reg51. h、reg52. h math. h、ctype. h、stdio. h、stdlib. h、absacc. h。

常用有 reg51. h、reg52. h（定义特殊功能寄存器和位寄存器）、math. h（定义常用数学运算）。

3. C51 语言常用运算符

与 C 语言基本相同。

```
+   -   *   /          (加  减  乘  除)
>   > =   <   < =      (大于  大于等于  小于  小于等于)
= =   ! =             (测试等于  测试不等于)
&&   | |   !          (逻辑与  逻辑或  逻辑非)
> >   < <             (位右移  位左移)
&  |                  (按位与  按位或)
^ ~                   (按位异或  按位取反)
```

4. C51 的基本语句

与标准 C 语言基本相同。

```
if              选择语言
while           循环语言
for             循环语言
switch/case     多分支选择语言
do-while        循环语言
```

5. C51 的标志符、关键字和变量作用域

1）标志符

用来标记源程序中的某个对象的名字，这些对象可以是常量、变量、数组、数据类型、函数、存储方式和语句等。

C 语言是大小写字母敏感的一种高级语言，如果要定义一个定时器 1，可以写为 "Timer1"，如果程序中有 "TIMER1"，那么这两个是完全不同定义的标志符。标志符由字符串、数字和下划线等组成，需要注意的是第一个字符必须是字母或下划线，如 "1Timer" 是错误的，编译时便会有错误提示。有些编译系统专用的标志符是以下划线开头，所以一般不要以下划线开头命名标志符。标志符在命名时应当简单，含义清晰，这样有助于阅读理解程序。在 C51 编译器中，只支持标志符的前 32 位为有效标志。

2）关键字

关键字是 C 语言规定的具有固定名称和特定含义的专用标志符。关键字用来标志程序语句、数据类型、运算符或存储种类等的说明。

关键字则是编程语言保留的特殊标志符，它们具有固定名称和含义，在程序编写中不允许标志符与关键字相同。在 Keil μVision 2 中的关键字除了有 ANSI C 标准的 32 个关键字外还根据 51 单片机的特点扩展了相关的关键字。其实在 Keil μVision 2 的文本编辑器中编写 C 程序，系统可以把保留字以不同颜色显示，默认颜色为天蓝色。

3）变量作用域

局部变量定义：定义在函数内（在 {} 内）的变量。局部变量又称为内部变量。有效范围为在所定义的函数、复合语句中。函数的形式参数为局部变量。

全局变量定义：在函数之外定义的变量。全局变量又称为外部变量。全局变量从变量定义处开始到该源文件结束处。

6. 程序结构

1）中断服务程序

```
函数名()interrupt n using m
{
函数内部实现…．
}
I/O 口定义
sbit beep = P2^3 ;
```

2）Main 函数

格式：void main （）

特点：无返回值，无参数。

任何一个 C 程序有且仅有一个 main 函数，它是整个程序开始执行的入口。

例如：
```
void main()
{
//总程序从这里开始执行；
其他语句；
}
```

三、项目实施

1. 广告流彩灯电路硬件设计

如图 2-29 所示为广告流彩灯原理图，如图 2-30 所示为广告流彩灯 ISIS 图。

（1）将所需元器件加入到对象选择器窗口。在 Proteus ISIS 的工作界面中单击对象选择按钮 P，如图 2-31 所示。

弹出 Pick Devices 界面，在 Keywords 文本框中输入 "AT89C"，系统在对象库中进行搜索查找，并将搜索结果显示在 Results 中，如图 2-32 所示。

在 Results 栏的列表项中，双击 "AT89C51"，则可将 "AT89C51" 添加至对象选择器窗口。

接着在 Keywords 文本框中重新输入 "LED"，然后双击 "LED-BLUE"，则可将 "LED-BLUE"（LED 数码管）添加至对象选择器窗口，使用同样的方法，把 10WATT470R 电阻添加至对象选择器窗口。

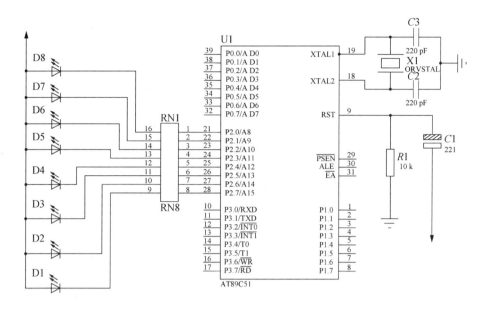

图 2-29　广告流彩灯原理图

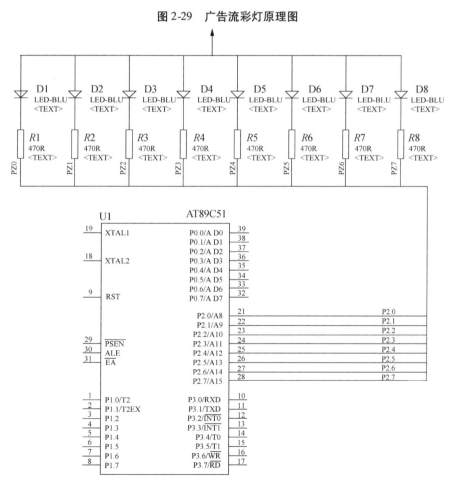

图 2-30　广告流彩灯 ISIS 图

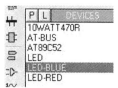

图 2-31 添加元器件

经过以上操作，在对象选择器窗口中，已有了 AT89C51、LED-BLUE、10WATT470R 3 个元器件对象，若单击 AT89C51，在预览窗口中，见到 AT89C51 的实物图，单击其他两个器件，都能浏览到实物图。此时，已经注意到在绘图工具栏中的元器件按钮处于选中状态。

（2）放置元器件至图形编辑窗口。在对象选择器窗口中，选中 AT89C51，将鼠标置于图形编辑窗口该对象的欲放位置、单击鼠标左键，该对象被完成放置，如图 2-33 所示。同理，将 LED-BLUE 和 10WATT470R 放置到图形编辑窗口中。

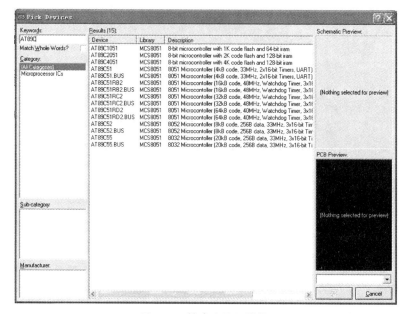

图 2-32 搜索查找元器件

U1			AT89C51
19	XTAL1	P0.0/A D0	39
		P0.1/A D1	38
		P0.2/A D2	37
18	XTAL2	P0.3/A D3	36
		P0.4/A D4	35
		P0.5/A D5	34
		P0.6/A D6	33
9	RST	P0.7/A D7	32
		P2.0/A8	21
		P2.1/A9	22
		P2.2/A10	23
29	$\overline{PSEN}$	P2.3/A11	24
30	ALE	P2.4/A12	25
31	EA	P2.5/A13	26
		P2.6/A14	27
		P2.7/A15	28
1	P1.0/T2	P3.0/RXD	10
2	P1.1/T2EX	P3.1/TXD	11
3	P1.2	P3.2/$\overline{INT0}$	12
4	P1.3	P3.3/$\overline{INT1}$	13
5	P1.4	P3.4/T0	14
6	P1.5	P3.5/T1	15
7	P1.6	P3.6/$\overline{WR}$	16
8	P1.7	P3.7/$\overline{RD}$	17

图 2-33 AT89C51 放置到图形编辑窗口

若对象位置需要移动，将鼠标移到该对象上，单击鼠标右键，此时已经注意到，该对象的颜色已变至红色，表明该对象已被选中，按下鼠标左键，拖动鼠标，将对象移至新位置后，松开鼠标，完成移动操作。

（3）放置总线至图形编辑窗口。单击绘图工具栏中的"总线"按钮，使之处于选中状态。将鼠标置于图形编辑窗口，单击鼠标左键，确定总线的起始位置；移动鼠标，屏幕出现粉红色细直线，找到总线的终止位置，单击鼠标左键，再单击鼠标右键，以表示确认并结束画总线操作。此后，粉红色细直线被蓝色的粗直线所替代，如图 2-34 所示。

图 2-34　元器件与总线的连接

（4）元器件之间的连线。Proteus 的智能化可以在设计者想要画线的时候进行自动检测。下面来操作将电阻 R1 的上端连接到 D1 数码管下端。当鼠标的指针靠近 R1 上端的连接点时，跟着鼠标的指针就会出现一个"×"号，表明找到了 R1 的连接点，单击鼠标左键，移动鼠标（不用拖动鼠标），将鼠标的指针靠近 D1 的下端的连接点时，跟着鼠标的指针就会出现一个"×"号，表明找到了 D1 的连接点，同时屏幕上出现了粉红色的连接，单击鼠标左键，粉红色的连接线变成了深绿色，那么就完成了本次连线。

Proteus 具有线路自动路径功能（简称 WAR），当选中两个连接点后，WAR 将选择一个合适的路径连线。WAR 可通过使用标准工具栏里的"WAR"命令按钮来关闭或打开，也可以在菜单栏的 Tools 下找到这个图标。

同理，还可以完成其他连线。在此过程的任何时刻，都可以按 Esc 键或者单击鼠标的右键来放弃画线。

（5）元器件与总线连接。单击绘图工具栏中的"导线标签"按钮，使之处于选中状态。将鼠标置于图形编辑窗口的元件的一端，移动鼠标，然后连接到总线上，在接着移动鼠标到元件与总线连接线上的某一点，将会出现一个"×"号，如图 2-34 所示。

表明找到了可以标注的导线，单击鼠标左键，弹出"编辑导线标签"窗口，如图2-35所示。

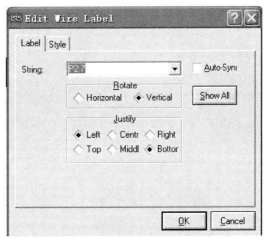

图 2-35　编辑导线标签窗口

在 string 栏中，输入标签名称（如P2.7），单击 OK 按钮，结束对该导线的标签标定。同理，可以标注其他导线的标签。注意，在标定导线标签的过程中，相互接通的导线必须标注相同的标签名。大家知道，具有相同的标号，电气是连接的，这一点在 protel 绘制原理图时，体现得尤为明显。

2. 输入源程序

(1) 汇编源程序

```
        ORG  0000H                  ;程序从地址 0000H 开始存放
START:  MOV  P2,#00H                ;把立即数 00H 送 P2 口,点亮所有发光二极管
        ACALL DELAY                 ;延时
        SETB C
        MOV A,#00H
        RLC A
        MOV  P2,A                   ;把立即数 00H 送 P2 口,点亮所有发光二极管
        ACALL DELAY                 ;延时
        MOV  P2,#0FFH               ;灭掉所有发光二极管
        ACALL DELAY                 ;延时
        AJMP  START                 ;重复闪动
DELAY:  MOV  R3,#0FFH               ;延时子程序开始
DEL2:   MOV  R4,#0FFH
DEL1:   NOP
DJNZ  R4,DEL1
DJNZ  R3,DEL2
        RET                         ;子程序返回
        END                         ;汇编程序结束
```

(2) C 语言源程序

```c
#include <reg51.h>
unsigned int temp1;
void delay(unsigned int temp)//延时程序
{
    while(-temp);
}
void main()
{
    P2 =255;//led is off
    while(1)
    {
        P2 =0XFE;
        temp1 =35000;
        delay(temp1);

        P2 =0XFD;
        temp1 =35000;
        delay(temp1);
        P2 =0XFB;
        temp1 =35000;
        delay(temp1);
        P2 =0XF7;
        temp1 =35000;
        delay(temp1);
        P2 =0XEF;
        temp1 =35000;
        delay(temp1);
        P2 =0XDF;
```

```
            temp1 = 35 000;
            delay(temp1);
            P2 = 0XBF;
            temp1 = 35 000;
            delay(temp1);
            P2 = 0X7F;
            temp1 = 35 000;
            delay(temp1);
        }
    }
```

3. 对源程序进行汇编和纠错

（1）打开主机中仿真软件 MedWin，选择"仿真器"按钮进入仿真环境。

（2）新建源文件，并输入源程序。保存文件时，程序名后缀应为 ASM，如 LED1. ASM。注意，分号后面的文字为说明文字，输入时可以省略。

提示：下一次打开该文件时，可直接用"打开"（Open）命令打开即可。

（3）在调试软件中，完成以下操作。

① 将汇编语言源程序汇编（Assemble），生成十六进制文件。

② 将汇编后生成的十六进制文件装载（Load）到单片机开发系统的仿真 RAM 中。

（4）运行及调试程序

① 运行（Execute）程序，观察实验板上 8 个发光二极管的亮灭状态。

② 单步运行（Step）程序，观察每一句指令运行后实验板上 8 个发光二极管的亮灭状态。

四、项目小结

（1）利用单片机开发系统运行、调试程序的步骤一般包括输入源程序、汇编源程序、装载汇编后的十六进制程序及运行程序。

（2）为了方便程序调试，单片机开发系统一般提供以下几种程序运行方式：全速运行（简称运行 Execute）、单步运行（Step）、跟踪运行（Trace）、断点运行（Breakpoint）等。全速运行可以直接看到程序的最终运行结果，实训中程序的运行结果是实验板上 8 个发光二极管一起闪动。

注意：单步运行可以使程序逐条指令地运行，每运行一步都可以看到运行结果，单步运行是调试程序中用得比较多的运行方式。

跟踪运行与单步运行类似，不同之处在于跟踪可以进入子程序运行，在此不做赘述。试将实训中的程序跟踪运行，观察它与单步运行过程的不同。

断点运行是预先在程序中设置断点，当全速运行程序时，遇到断点即停止运行，用户可以观察运行结果，断点运行对于调试程序提供了很大的方便。试将实训中的程序进行断点运行，观察其运行过程。

（3）程序调试是一个反复的过程。一般来讲，单片机硬件电路和汇编程序很难一次设计成功，因此必须通过反复调试，不断修改硬件和软件，直到运行结果完全符合要求为止。

关于 C51 的介绍是基于已经学习过 C 语言。因此，内容较为简洁。

思考与练习

1. 模拟仿真与真实仿真的区别在哪里？
2. 仿真器在整个开发过程中的作用是什么？
3. 万利集成开发环境的使用步骤主要有哪些？
4. 简单叙述 Proteus 的使用步骤。
5. 汇编语言有何种特点？简述其指令格式。
6. MCS-51 系列机共有多少条指令？分几类？
7. MCS-51 系列汇编语言指令有几种寻址方式？
8. C51 有哪些特点？基本数据类型有哪些？常用语句有哪些？C51 中断如何调用？

项目三　洗衣机控制系统

一、项目目标

1. 熟悉软件的操作和使用方法。
2. 了解有关汇编指令综合应用的程序编写。
3. 掌握定时中断技术相关概念及其应用。
4. 学会开发单片机电子系统。

二、项目设计

（一）系统硬件设计

系统功能说明：开始时，显示"00"，第 1 次按下 SP1 后就开始计时；第 2 次按 SP1 后，计时停止；第 3 次按 SP1 后，计时归零。

系统硬件原理图如图 3-1 所示。

硬件连接说明如下。

（1）把"单片机系统"区域中的 P0.0/AD0～P0.7/AD7 端口用 8 芯排线连接到"四路静态数码显示模块"区域中的任一个 a～h 端口上。要求：P0.0/AD0 对应着 a，P0.1/AD1 对应着 b，…，P0.7/AD7 对应着 h。

（2）把"单片机系统"区域中的 P2.0/A8～P2.7/A15 端口用 8 芯排线连接到"四路静态数码显示模块"区域中的任一个 a～h 端口上。要求：P2.0/A8 对应着 a，P2.1/A9 对应着 b，…，P2.7/A15 对应着 h。

（3）把"单片机系统"区域中的 P3.5/T1 用导线连接到"独立式键盘"区域中的 SP1 端口上。

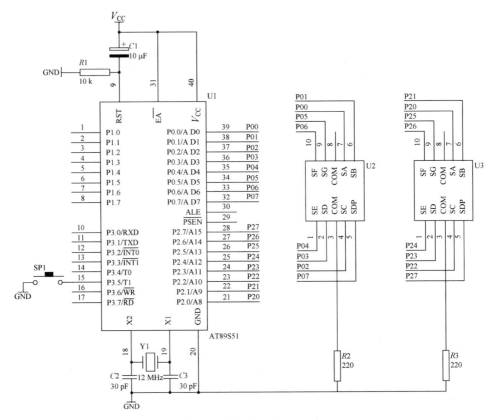

图 3-1　系统硬件原理图

（二）系统程序设计

1. 系统程序流程图

主程序流程图如图 3-2 所示，中断处理程序流程图如图 3-3 所示。

2. 系统源程序

```
TCNTA EQU 30H
TCNTB EQU 31H
SEC EQU 32H
KEYCNT EQU 33H
SP1 BIT P3.5
ORG 00H
LJMP START
ORG 0BH
LJMP INT_T0
START:MOV KEYCNT,#00H
MOV SEC,#00H
MOV A,SEC
MOV B,#10
```

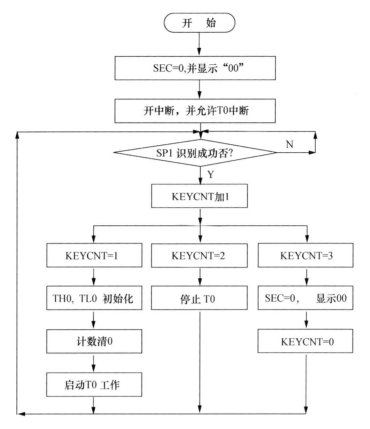

图 3-2 主程序流程图

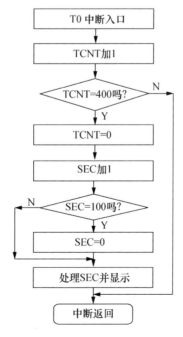

图 3-3 中断处理程序流程图

```
DIV AB
MOV DPTR,#TABLE
MOVC A,@ A+DPTR
MOV P0,A
MOV A,B
MOV DPTR,#TABLE
MOVC A,@ A+DPTR
MOV P2,A
MOV TMOD,#02H
SETB ET0
SETB EA
WT:JB SP1,WT
LCALL DELY10MS
JB SP1,WT
INC KEYCNT
MOV A,KEYCNT
CJNE A,#01H,KN1
SETB TR0
MOV TH0,#06H
MOV TL0,#06H
MOV TCNTA,#00H
MOV TCNTB,#00H
LJMP DKN
KN1:CJNE A,#02H,KN2
CLR TR0
LJMP DKN
KN2:CJNE A,#03H,DKN
MOV SEC,#00H
MOV A,SEC
MOV B,#10
DIV AB
MOV DPTR,#TABLE
MOVC A,@ A+DPTR
MOV P0,A
MOV A,B
MOV DPTR,#TABLE
MOVC A,@ A+DPTR
MOV P2,A
MOV KEYCNT,#00H
DKN:JNB SP1,LJMP WT
DELY10MS:
MOV R6,#20
D1:MOV R7,#248
DJNZ R7,DJNZ R6,D1
RET
INT_T0:
INC TCNTA
MOV A,TCNTA
CJNE A,#100,NEXT
MOV TCNTA,#00H
INC TCNTB
MOV A,TCNTB
```

```
CJNE A,#4,NEXT
MOV TCNTB,#00H
INC SEC
MOV A,SEC
CJNE A,#100,DONE
MOV SEC,#00H
DONE:MOV A,SEC
MOV B,#10
DIV AB
MOV DPTR,#TABLE
MOVC A,@A+DPTR
MOV P0,A
MOV A,B
MOV DPTR,#TABLE
MOVC A,@A+DPTR
MOV P2,A
NEXT:RETI
TABLE:DB 3FH,06H,5BH,4FH,66H,6DH,7DH,07H,7FH,6FH
END
```

3. C 语言源程序

```
#include <AT89X51.H>
unsigned char code dispcode[]={0x3f,0x06,0x5b,0x4f,
0x66,0x6d,0x7d,0x07,
0x7f,0x6f,0x77,0x7c,
0x39,0x5e,0x79,0x71,0x00};
unsigned char second;
unsigned char keycnt;
unsigned int tcnt;
void main(void)
{
   unsigned char i,j;
   TMOD=0x02;
   ET0=1;
   EA=1;
   second=0;
   P0=dispcode[second/10];
   P2=dispcode[second%10];
   while(1)
   {
     if(P3_5==0)
     {
       for(i=20;i>0;i—)
       for(j=248;j>0;j—);
       if(P3_5==0)
       {
         keycnt++;
         switch(keycnt)
         {
           case 1:
           TH0=0x06;
```

```
            TL0 = 0x06;
            TR0 = 1;
            break;
            case 2:
            TR0 = 0;
            break;
            case 3:
            keycnt = 0;
            second = 0;
            P0 = dispcode[second/10];
            P2 = dispcode[second% 10];
            break;
        }
        while(P3_5 = = 0);
        }
    }
    }
}
void t0(void)interrupt 1 using 0
{
    tcnt + +;
    if(tcnt = = 400)
    {
        tcnt = 0;
        second + +;
        if(second = = 100)
        {
            second = 0;
        }
    P0 = dispcode[second/10];
    P2 = dispcode[second% 10];
    }
}
```

三、项目实施

（1）在 MedWin/Keil 平台输入程序并检查无误，对程序进行汇编、调试，然后烧写程序到89C51。

（2）按照图3-1连接相应的引脚。

（3）运行程序 Proteus，模拟运行，看运行的结果如何。

（4）实物连接运行。

四、相关知识

（一）中断相关概念

在单片机中，当 CPU 在执行程序时，由单片机内部或外部的原因引起的随机事件要求 CPU 暂时停止正在执行的程序，而转向执行一个用于处理该随机事件的程序，处理完后又返回被中止的程序断点处继续执行，这一过程就称为中断。

单片机处理中断的 4 个步骤：中断请求、中断响应、中断处理和中断返回。

向 CPU 发出中断请求的来源，或引起中断的原因称为中断源。中断源要求服务的请求称为中断请求。中断源可分为两大类：一类来自单片机内部，称为内部中断源；另一类来自单片机外部，称为外部中断源。

（二）中断系统的功能

中断系统是指能实现中断功能的硬件和软件。一般包括以下几个方面。

1. 进行中断优先级排队

通常，单片机中有多个中断源，设计人员能按轻重缓急给每个中断源的中断请求赋予一定的中断优先级。当两个或两个以上的中断源同时请求中断时，CPU 可通过中断优先级排队电路首先响应中断优先级高的中断请求，等到处理完优先级高的中断请求后，再来响应优先级低的中断请求。

2. 实现中断嵌套

CPU 在响应某一中断源中断请求而进行中断处理时，若有中断优先级更高的中断源发出中断请求，CPU 会暂停正在执行的中断服务程序，转向执行中断优先级更高的中断源的中断服务程序，等处理完这个高优先级的中断请求后，再返回来继续执行被暂停的中断服务程序。这个过程称为中断嵌套。

3. 自动响应中断

中断源向 CPU 发出的中断请求是随机的。通常，CPU 总是在每条指令的最后状态对中断请求信号进行检测；当某一中断源发出中断请求时，CPU 能根据相关条件（如中断优先级、是否允许中断）进行判断，决定是否响应这个中断请求。若允许响应这个中断请求，CPU 在执行完相关指令后，会自动完成断点地址压入堆栈、中断矢量地址送入程序计数器 PC、撤除本次中断请求标志，转入执行相应中断服务程序。

4. 实现中断返回

CPU 响应某一中断源中断请求，转入执行相应中断服务程序，在执行中断服务程序最后的中断返回指令时，会自动弹出堆栈区中保存的断点地址，返回到中断前的原程序中。

中断的特点如下。

（1）可以提高 CPU 的工作效率。

（2）实现实时处理。

（3）处理故障。

（三）中断系统结构

8051 单片机的中断系统主要由与中断有关的 4 个特殊功能寄存器和硬件查询电路等组成。基本结构如图 3-4 所示。

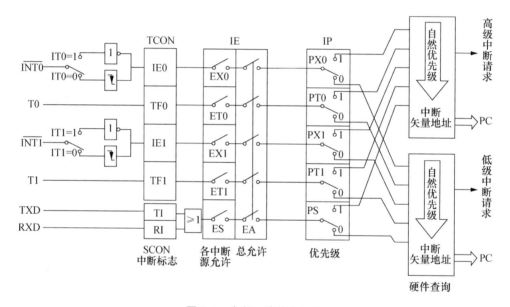

图 3-4　中断系统基本结构

- 定时器控制寄存器 TCON——主要用于保存中断信息。
- 串行口控制寄存器 SCON——主要用于保存中断信息。
- 中断允许寄存器 IE——主要用于控制中断的开放和关闭。
- 中断优先级寄存器 IP——主要用于设定优先级别。
- 硬件查询电路——主要用于判定 5 个中断源的自然优先级别。

8051 单片机的中断源有 5 个，可分为三类。

1. 外部中断

外部中断是由外部原因（如打印机、键盘、控制开关、外部故障）引起的，可以通过两个固定引脚来输入到单片机内的信号，即外部中断 0（$\overline{\text{INT0}}$）和外部中断 1（$\overline{\text{INT1}}$）。

（1）$\overline{INT0}$——外部中断 0 中断请求信号输入端，P3.2 的第二功能。

由定时器控制寄存器 TCON 中的 IT0 位决定中断请求信号是低电平有效还是下降沿有效。一旦输入信号有效，即向 CPU 申请中断，并且硬件自动使 IE0 置 1。

（2）$\overline{INT1}$——外部中断 1 中断请求信号输入端，P3.3 的第二功能。

由定时器控制寄存器 TCON 中的 IT1 位决定采用电平触发方式还是边沿触发方式。一旦输入信号有效，即向 CPU 申请中断，并且硬件自动使 IE1 置 1。

2. 定时中断

定时中断是由内部定时（或计数）溢出或外部定时（或计数）溢出引起的，即定时器 0（T0）中断和定时器 1（T1）中断。

当定时器对单片机内部定时脉冲进行计数而发生计数溢出时，即表明定时时间到，由硬件自动使 TF0（TF1）置 1，并申请中断。当定时器对单片机外部计数脉冲进行计数而发生计数溢出时，即表明计数次数到，由硬件自动使 TF0（TF1）置 1，并申请中断。外部计数脉冲是通过两个固定引脚来输入到单片机内的。

（1）T0 外部计数输入端——P3.4 的第二功能。

当定时器 0 工作于计数方式时，外部计数脉冲下降沿有效，定时器 0 进行加 1 计数。

（2）T1 外部计数输入端——P3.5 的第二功能。

当定时器 1 工作于计数方式时，外部计数脉冲下降沿有效，定时器 1 进行加 1 计数。

3. 串行口中断

串行口中断是为接收或发送串行数据而设置的。串行中断请求是在单片机芯片内部发生的。

（1）RXD——串行口输入端，P3.0 的第二功能。

当接收完一帧数据时，硬件自动使 RI 置 1，并申请中断。

（2）TXD——串行口输出端，P3.1 的第二功能。

当发送完一帧数据时，硬件自动使 TI 置 1，并申请中断。

（四）中断的控制

1. 定时器控制寄存器 TCON

定时器控制寄存器 TCON 的作用是控制定时器的启动与停止，并保存 T0、T1 的溢出中断标志和外部中断 0、1 的中断标志。

TCON 的格式如下。

TCON（88H）：	8FH	8EH	8DH	8CH	8BH	8AH	89H	88H
	TF1	TR1	TF0	TR0	IE1	IT1	IE0	IT0

各位的功能说明如下。

（1）TF1（TCON.7）：定时器 1 溢出标志位。定时器 1 被启动计数后，从初值开始进行加 1 计数，当定时器 1 计满溢出时，由硬件自动使 TF1 置 1，并申请中断。该标志一直保持到 CPU 响应中断后，才由硬件自动清 0。也可用软件查询该标志，并由软件清 0。

（2）TR1（TCON.6）：定时器 1 启停控制位。

各位的功能说明：

（3）IT1（TCON.2）：外部中断 1 触发方式选择位。

当 IT1 = 0 时，外部中断 1 为电平触发方式。在这种方式下，CPU 在每个机器周期的 S5P2 期间对 $\overline{INT1}$（P3.3）引脚采样，若采到低电平，则认为有中断申请，硬件自动使 IE1 置 1；若为高电平，认为无中断申请或中断申请已撤除，硬件自动使 IE1 清 0。在电平触发方式中，CPU 响应中断后硬件不能自动使 IE1 清 0，也不能由软件使 IE1 清 0，所以在中断返回前必须撤销 $\overline{INT1}$ 引脚上的低电平，否则将再次响应中断造成出错。

当 IT1 = 1 时，外部中断 1 为边沿触发方式。CPU 在每个机器周期的 S5P2 期间采样 $\overline{INT1}$（P3.3）引脚。若在连续两个机器周期采样到先高电平后低电平，则认为有中断申请，硬件自动使 IE1 置 1，此标志一直保持到 CPU 响应中断时，才由硬件自动清 0。在边沿触发方式下，为保证 CPU 在两个机器周期内检测到先高后低的负跳变，输入高低电平的持续时间至少要保持 12 个时钟周期。

（4）IE1（TCON.3）：外部中断 1 请求标志位。IE1 = 1 表示外部中断 1 向 CPU 申请中断。当 CPU 响应外部中断 1 的中断请求时，由硬件自动使 IE1 清 0（边沿触发方式）。

（5）TF0（TCON.5）：定时器 0 溢出标志位。其功能同 TF1。

（6）TR0（TCON.4）：定时器 0 启、停控制位。其功能同 TR1。

（7）IE0（TCON.1）：外部中断 0 请求标志位。其功能同 IE1。

（8）IT0（TCON.0）：外部中断 0 触发方式选择位。其功能同 IT1。

2. 串行口控制寄存器 SCON

串行口控制寄存器 SCON 的低 2 位 TI 和 RI 保存串行口的接收中断和发送中断标志。SCON 的格式如下。

SCON（98H）:	9FH	9EH	9DH	9CH	9BH	9AH	99H	98H
	SM0	SM1	SM2	REN	TB8	RB8	TI	RI

各位的功能说明如下。

（1）TI（SCON.1）：串行发送中断请求标志。CPU 将一个字节数据写入发送缓冲器 SBUF 后启动发送，每发送完一帧数据，硬件自动使 TI 置 1。但 CPU 响应中断后，硬件并不能自动使 TI 清 0，必须由软件使 TI 清 0。

（2）RI（SCON.0）：串行接收中断请求标志。在串行口允许接收时，每接收完一帧数据，硬件自动使 RI 置 1。但 CPU 响应中断后，硬件并不能自动使 RI 清 0，必须由软件使 RI 清 0。

3. 中断允许寄存器 IE

中断允许寄存器 IE 的作用是控制 CPU 对中断的开放或屏蔽以及每个中断源是否允许中断。IE 的格式如下。

IE（A8H）:	AFH	AEH	ADH	ACH	ABH	AAH	A9H	A8H
	EA	—	—	ES	ET1	EX1	ET0	EX0

各位的功能说明如下。

（1）EA（IE.7）：CPU 中断总允许位。EA = 1，CPU 开放中断。每个中断源是被允许还是被禁止，分别由各中断源的中断允许位确定；EA = 0，CPU 屏蔽所有的中断要求，称为关中断。

（2）ES（IE.4）：串行口中断允许位。ES = 1，允许串行口中断；ES = 0，禁止串行口中断。

（3）ET1（IE.3）：定时器 1 中断允许位。ET1 = 1，允许定时器 1 中断；ETl = 0，禁止定时器 1 中断。

（4）EX1（IE.2）：外部中断 1 中断允许位。EX1 = 1，允许外部中断 1 中断；EX1 = 0，禁止外部中断 1 中断。

（5）ET0（IE.1）：定时器 0 中断允许位。ET0 = 1，允许定时器 0 中断；ET0 = 0，禁止定时器 0 中断。

（6）EX0（IE.0）：外部中断 0 中断允许位。EX0 = 1，允许外部中断 0 中断；EX0 = 0，禁止外部中断 0 中断。

4. 中断优先级寄存器 IP

中断优先级寄存器 IP 的作用是设定各中断源的优先级别。

IP 的格式如下。

IP（B8H）:	BFH	BEH	BDH	BCH	BBH	BAH	B9H	B8H
	—	—	—	PS	PT1	PX1	PT0	PX0

各位的功能说明如下。

（1）PS（IP.4）：串行口中断优先级控制位。PS = 1，串行口为高优先级中断；PS = 0，串行口为低优先级中断。

（2）PT1（IP.3）：定时器 1 中断优先级控制位。PT1 = 1，定时器 1 为高优先级中断；PT1 = 0，定时器 1 为低优先级中断。

（3）PX1（IP.2）：外部中断 1 中断优先级控制位。PX1 = 1，外部中断 1 为高优先级中断；PX1 = 0，外部中断 1 为低优先级中断。

（4）PT0（IP.1）：定时器 0 中断优先级控制位。PT0 = 1，定时器 0 为高优先级中断；PT0 = 0，定时器 0 为低优先级中断。

（5）PX0（IP.0）：外部中断 0 中断优先级控制位。PX0 = 1，外部中断 0 为高优先级中断；PX0 = 0，外部中断 0 为低优先级中断。

（五）中断响应

1. CPU 的中断响应条件

CPU 响应中断必须首先满足以下 3 个基本条件。

（1）有中断源发出中断请求。

（2）中断总允许位 EA = 1。

（3）请求中断的中断源的中断允许位为 1。

在满足以上条件的基础上，若有下列任何一种情况存在，中断响应都会受到阻断。

（1）CPU 正在执行一个同级或高优先级的中断服务程序。

（2）正在执行的指令尚未执行完。

（3）正在执行中断返回指令 RETI 或者对专用寄存器 IE、IP 进行读/写的指令。CPU 在执行完上述指令之后，要再执行一条指令，才能响应中断请求。

2. 中断优先级的判定

（1）中断源的优先级别分为高级和低级，通常由软件设置中断优先级寄存器 IP 相关位来设定每个中断源的级别。

（2）如果几个同一优先级别的中断源同时向 CPU 请求中断，CPU 通过硬件查询电路首先响应自然优先级较高的中断源的中断请求。

（3）中断可实现两级中断嵌套。高优先级中断源可中断正在执行的低优先级中断服务程序，除非执行了低优先级中断服务程序的 CPU 关中断指令。同级或低优先级的中断不能中断正在执行的中断服务程序。中断源自然优先级顺序表如表 3-1 所示。

（4）8051 单片机的中断入口地址（称为中断矢量）由单片机硬件电路决定，如表 3-2 所示。

表 3-1　中断源自然优先级顺序表

中断源	自然优先级
外部中断 0 定时器 T0 中断 外部中断 1 定时器 T1 中断 串行口中断	最高级 ↓ 最低级

表 3-2　中断源的中断服务程序入口地址

中断源	中断入口地址
外部中断 0	0003H
定时器 T0 中断	000BH
外部中断 1	0013H
定时器 T1 中断	001BH
串行口中断	0023H

3. 中断处理

中断处理就是执行中断服务程序，从中断入口地址开始执行，直到返回指令（RETI）为止。此过程一般包括三部分内容，一是保护现场，二是处理中断源的请求，三是恢复现场。通常，主程序和中断服务程序都会用到累加器 A、状态寄存器 PSW 及其他一些寄存器。在执行中断服务程序时，CPU 若用到上述寄存器，就会破坏原先存在这些寄存器中的内容，中断返回，将会造成主程序的混乱。因此，在进入中断服务程序后，一般要先保护现场，然后再执行中断处理程序，在返回主程序以前，再恢复现场。

在编写中断服务程序时要注意以下几个方面。

（1）一般在这些中断入口地址区存放一条无条件转移指令，转向中断服务程序的起始地址。

（2）若要求禁止更高优先级中断源的中断请求，应先用软件关闭 CPU 中断或屏蔽更高级中断源的中断，在中断返回前再开放被关闭或被屏蔽的中断。

（3）在保护现场和恢复现场时，为了不使现场数据受到破坏而造成混乱，在保护现场之前要关中断，在保护现场之后再开中断；在恢复现场之前关中断，在恢复现场之后再开中断。

4. 中断返回

（1）中断返回是指中断服务完成后，CPU 返回到原程序的断点（即原来断开的位置），继续执行原来的程序。

（2）中断返回通过执行中断返回指令 RETI 来实现，该指令的功能是首先将相应的优先级状态触发器置 0，以开放同级别中断源的中断请求；其次，从堆栈区把断点地址取出，送回到程序计数器 PC 中。因此，不能用 RET 指令代替 RETI 指令。

5. 中断请求的撤除

CPU 响应某中断请求后，在中断返回前，应该撤销该中断请求，否则会引起另一次中断。不同中断源中断请求的撤除方法是不一样的。

（1）定时器溢出中断请求的撤除。CPU 在响应中断后，硬件会自动清除中断请求标志 TF0 或 TFl。

（2）串行口中断的撤除。在 CPU 响应中断后，硬件不能清除中断请求标志 TI 和 RI，而要由软件来清除相应的标志。

（六）中断应用实例

1. 中断系统的初始化步骤

（1）开放 CPU 中断和有关中断源的中断允许，设置中断允许寄存器 IE 中相应的位。

（2）根据需要确定各中断源的优先级别，设置中断优先级寄存器 IP 中相应的位。

（3）根据需要确定外部中断的触发方式，设置定时器控制寄存器 TCON 中相应的位。

【例 3-1】　P1 口做输出口，控制八只灯（P1 口输出低电平时灯被点亮），利用手控单脉冲信号作为外部中断信号，控制八只灯按一定的规律循环点亮。

解：手控单脉冲信号作为外部中断信号由 $\overline{\text{INT0}}$（P3.2）引脚输入，设置中断允许寄存器 IE 中的 EA、EX0 位为 1；只有一个中断源可不设置优先级别；中断触发方式设为边沿触发，控制位 IT0 应设置为 1。

参考程序：

```
            ORG  0000H            ;程序入口
            LJMP MAIN             ;转向主程序
            ORG  0003H            ;外部中断0的入口地址
            LJMP INT              ;转向中断服务程序
            ORG  0050H
     MAIN:  SETB EA
            SETB EX0
            SETB IT0              ;中断触发方式为边沿触发
            MOV  A,#0FEH
            MOV  P1,A
            SJMP MYM
            ORG  0100H
     INT:   RL   A                ;中断服务程序
            MOV  P1,A
            RETI
            END
```

【例3-2】 P1口做输出口，正常时控制八只灯（P1口输出低电平时灯被点亮）每隔0.5秒全亮全灭一次；按下开关1八只灯从右向左依次点亮，按下开关2八只灯从左向右依次点亮。

解：开关1的低电平脉冲信号作为外部中断信号由INT0（P3.2）引脚输入，开关2的低电平信号作为外部中断信号由INT1（P3.3）引脚输入。中断允许寄存器IE中相应的EA、EX1、EX0位设置为1。

外部中断0为低优先级，IP中的PX0位设置为0；外部中断1为高优先级，IP中的PX1位设置为1。

外部中断0的中断触发方式设为边沿触发，控制位IT0应设置为1；外部中断1的中断触发方式设为电平触发，控制位IT1应设置为0。

源程序如下：

```
            ORG  0000H            ;程序入口
            LJMP MAIN             ;转向主程序
            ORG  0003H            ;外部中断0的入口地址
            LJMP INT0             ;转向外部中断0中断服务程序
            ORG  0013H            ;外部中断1的入口地址
            LJMP INT1             ;转向外部中断1中断服务程序
            ORG  0030H
     MAIN:  MOV  SP,#30H
            MOV  IE,#85H          ;允许外部中断0、外部中断1中断
            MOV  IP,#04H          ;外部中断1为高优先级
            MOV  TCON,#01H        ;外部中断0为边沿触发
            MOV  A,#00H
     LP1:   MOV  P1,A
            ORG  0100H
     INT0:  PUSH A                ;外部中断0中断服务程序
            PUSH PSW
            CLR  RS1              ;选择第1组工作寄存器
            SETB RS0
            MOV  R2,#07H
            MOV  A,#0FEH          ;灯点亮的初始状态
     NEXT0: MOV  P1,A
            LCALL DELAY
```

```
                RL      A                    ;点亮左边一盏灯
                DJNZ R2,NEXT0
                POP     PSW
                POP     A
                RETI
                ORG     0200H
        INT1:   PUSH    A                    ;外部中断1中断服务程序
                PUSH    PSW
                SETB    RS1                  ;选择第2组工作寄存器
                CLR     RS0
                MOV     R2,#07H
                MOV     A,#7FH               ;灯点亮的初始状态
        NEXT1:  MOV     P1,A
                LCALL   DELAY
                RR      A                    ;点亮右边一盏灯
                DJNZ    R2,NEXT1
                POP     PSW
                POP     A
                RETI
                ORG     0300H
        DELAY:  MOV     R3,#250              ;延时子程序
        DEL2:   MOV     R2,#248
                NOP
        DEL1:   DJNZ    R2,DEL1
                DJNZ    R3,DEL2
                RET                          ;子程序返回
                END
```

2. 外部中断源扩展

对多个外部中断源，采用中断加查询相结合的方法响应中断。扩展电路原理如图 3-5 所示。多个外部中断源通过多个 OC 门电路组成线或电路后与 P3.2（P3.3）相连，同时，每一个外部中断源将并行 I/O 口（如 P1 口）作为多个外部中断源的识别线。在多个外部中断源中若有一个或几个为高电平则输出为 0，则 P3.2（P3.3）为低电平，向 CPU 发出中断请求；CPU 在执行中断服务程序时，先依次查询 P1 口的中断源输入状态，然后转入到相应的中断服务程序。

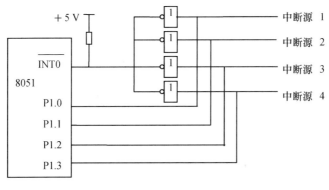

图 3-5 中断扩展原理图

注意：中断加查询扩展法比较简单，但当外部中断源的个数较多时，因查询时间较长，不能满足实时控制的要求。

五、项目小结

本项目以秒表为载体，主要训练中断技术的应用。同时，也训练独立按键的应用编程。

▼ **思考与练习**

1. 如何扩展秒表的计量范围，使之达到 999 秒呢？
2. 什么是中断？什么是中断矢量？
3. 中断响应的过程是什么？
4. 中断源有几个？分别是什么？它们的中断入口地址分别是什么？

项目四　数字电压表

一、项目目标

1. 利用单片机 AT89S51 与 ADC0809 设计一个数字电压表，能够测量 0～5V 之间的直流电压值，四位数码显示，但要求使用的元器件数目最少。
2. 了解 ADC0809 的工作原理。
3. 了解 A/D 转换的工作原理及具体应用。
4. 掌握单片机与 ADC0809 的接口技术。

二、项目设计

（一）硬件设计

本项目中，由 ADC0809 完成电压采样，CPU 处理后，通过 6 位数码管显示电压数值。原理图如图 4-1 所示。

在 Proteus 中按照如图 4-1 所示的原理图绘制电路。数码管为共阴极连接。

（二）程序设计

1. 程序流程图

程序流程如图 4-2 所示。

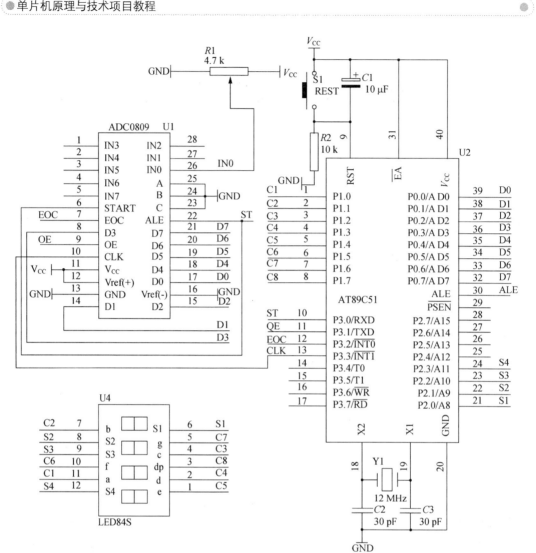

图 4-1　数字电压表原理图

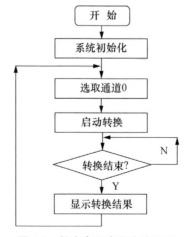

图 4-2　数字电压表程序流程图

2. 源程序

(1) C 语言源程序

```c
#include <AT89X52.H>
unsigned char code dispbitcode[] = {0xfe,0xfd,0xfb,0xf7,
0xef,0xdf,0xbf,0x7f};
unsigned char code dispcode[] = {0x3f,0x06,0x5b,0x4f,0x66,
0x6d,0x7d,0x07,0x7f,0x6f,0x00};
unsigned char dispbuf[8] = {10,10,10,10,0,0,0,0};
unsigned char dispcount;
unsigned char getdata;
unsigned int temp;
unsigned char i;

sbit ST = P3^0;
sbit OE = P3^1;
sbit EOC = P3^2;
sbit CLK = P3^3;
void main(void)
{
    ST = 0;
    OE = 0;
    ET0 = 1;
    ET1 = 1;
    EA = 1;
    TMOD = 0x12;
    TH0 = 216;
    TL0 = 216;
    TH1 = (65536-4000)/256;
    TL1 = (65536-4000)%256;
    TR1 = 1;
    TR0 = 1;
    ST = 1;
    ST = 0;
    while(1)
    {
        if(EOC == 1)
        {
            OE = 1;
            getdata = P0;
            OE = 0;
            temp = getdata * 235;
            temp = temp/128;
            i = 5;
            dispbuf[0] = 10;
            dispbuf[1] = 10;
            dispbuf[2] = 10;
            dispbuf[3] = 10;
            dispbuf[4] = 10;
            dispbuf[5] = 0;
            dispbuf[6] = 0;
```

```
            dispbuf[7] = 0;
            while(temp/10)
            {
               dispbuf[i] = temp% 10;
               temp = temp/10;
               i + +;
            }
            dispbuf[i] = temp;
            ST = 1;
            ST = 0;
        }
    }
}

void t0(void)interrupt 1 using 0
{
    CLK = ~CLK;
}

void t1(void)interrupt 3 using 0
{
    TH1 = (65536-4000)/256;
    TL1 = (65536-4000)% 256;
    P1 = dispcode[dispbuf[dispcount]];
    P2 = dispbitcode[dispcount];
    if(dispcount = =7)
    {
        P1 = P1 | 0x80;
    }
    dispcount + +;
    if(dispcount = =8)
    {
        dispcount = 0;
    }
}
```

(2) 汇编源程序

```
;--------------------------------------主程序-------------------------------------
        BANK0_REG   EQU      00H      ;选择第 0 组寄存器
        BANK1_REG   EQU      08H      ;选择第 1 组寄存器
        BANK2_REG   EQU      10H      ;选择第 2 组寄存器
        BANK3_REG   EQU      18H      ;选择第 3 组寄存器
        LED_MAX_BITS EQU     02H      ;LED 最大位数

        LED_SCL     EQU    P1.0
        LED_SDA     EQU    P1.1
        AD0  EQU       6000H

        LED_DIS_BUF       EQU   30H

        ORG    0000H
        LJMP   START
        ORG    0100H
```

```
START:
        CLR     EA
        MOV     PSW,#BANK0_REG
        MOV     SP,#0DFH
        MOV     R0,#20H
        MOV     R7,#80H-20H
        LCALL   PUB_CLEAR_RAM1        ;清0RAM单元
        LCALL   LED_CLR_FULL
ADCNV_A:
        MOV     DPTR,#AD0            ;选中0809通道0
        MOV     A,#00H
        MOVX    @DPTR,A             ;启动A/D转换
ADCNV_B:
        JB      P3.3,ADCNV_B        ;查询转换是否结束
        MOVX    A,@DPTR             ;取转换结果到A累加器
        MOV     LED_DIS_BUF,A
        LCALL   LED_CLR_FULL
        LCALL   LED_DISP_DATA
        LCALL   PUB_DELAY
        SJMP    ADCNV_A             ;重新启动转换
;--------------------------------------------
;发送一字节数据
;入口:ACC
;--------------------------------------------
LED_DISP_BYTE:
        PUSH ACC
        CLR  LED_SCL
        MOV  R7,#8
LED_DISP_BYTE1:
        RLC  A
        MOV  LED_SDA,C
        NOP
        NOP
        SETB LED_SCL
        NOP
        NOP
        CLR  LED_SCL
        DJNZ R7,LED_DISP_BYTE1
        POP  ACC
        RET
;--------------------------------------------
;发送LED_MAX_BIT字节
;入口:LED_DIS_BUF:起始地址
;--------------------------------------------
LED_DISP_DATA:
        PUSH    PSW
        PUSH    ACC
        PUSH    DPH
        PUSH    DPL
        MOV     PSW,#BANK2_REG
        MOV     A,#LED_DIS_BUF
        ADD     A,#LED_MAX_BITS/2-1
```

```
        MOV       R0,A
        MOV       R6,#LED_MAX_BITS/2
        MOV       DPTR,#DIS_TAB
LED_DISP_DATA_A:
        MOV       A,@R0
        ANL       A,#0FH
        MOVC      A,@A+DPTR
        LCALL     LED_DISP_BYTE
        MOV       A,@R0
        SWAP      A
        ANL       A,#0FH
        MOVC      A,@A+DPTR
        LCALL     LED_DISP_BYTE
        DEC       R0
        DJNZ      R6,LED_DISP_DATA_A
        POP       DPL
        POP       DPH
        POP       ACC
        POP       PSW
        RET
;-------------------------------------------------
;清除 LED 上的显示内容
;-------------------------------------------------
LED_CLR_FULL:
        PUSH      PSW
        PUSH      ACC
        PUSH      DPH
        PUSH      DPL
        MOV       PSW,#BANK2_REG
        MOV       R6,#6
LED_CLR_A:
        MOV       A,#0FFH
        LCALL     LED_DISP_BYTE
        DJNZ      R6,LED_CLR_A
        POP       DPL
        POP       DPH
        POP       ACC
        POP       PSW
        RET
;-------------------------------------------------
DIS_TAB:  ;字形表
        DB   3fH,06H,5bH,5fH,66H,6dH,7dH,07H,7fH,6fH,77H,7cH,39H,5eH,79H,72H,00H   ;共
阳极 LED
NOP9:
        NOP
        NOP
        NOP
        NOP
        NOP
        NOP
        NOP
        RET
```

```
;------------------------------------------------
;清除指定的 RAM 单元
;入口: R0:源地址(前 256B)R7:长度
;------------------------------------------------
PUB_CLEAR_RAM1:
        CJNE    R7,#0,PUB_CLEAR_RAM1_1
        SJMP    PUB_CLEAR_RAM1_E
PUB_CLEAR_RAM1_1:
        MOV     @R0,#0
        INC     R0
        DJNZ    R7,PUB_CLEAR_RAM1_1
PUB_CLEAR_RAM1_E:
        RET
;------------------------------------------------
;延时 1 s
;
PUB_DELAY:
        PUSH    B
        MOV     B,#50
PDX_1:
        LCALL   PUB_D10MS
        DJNZ    B,PDX_1
        POP     B
        RET
;------------------------------------------------
;10 ms 的延时
;------------------------------------------------
PUB_D10MS:
        PUSH    ACC
        MOV     A,#10
PUB_D10MS_A:
        LCALL   PUB_DELAY_1MS
        DEC     A
        JNZ     PUB_D10MS_A
        POP     ACC
        RET
;------------------------------------------------
;延时 1ms
;------------------------------------------------
PUB_DELAY_1MS:
        PUSH    ACC
        CLR     A
PD1_0:
        NOP
        INC     A
        CJNE    A,#0E4H,PD1_0       ;#E4H=228D
        POP     ACC
        RET
        END
```

三、相关知识

（一）A/D 转换基本概念

A/D 转换器用于实现模拟量→数字量的转换，按转换原理可分为 4 种，即计数式 A/D 转换器、双积分式 A/D 转换器、逐次逼近式 A/D 转换器和并行式 A/D 转换器。

目前最常用的是双积分式 A/D 转换器和逐次逼近式 A/D 转换器。双积分式 A/D 转换器的主要优点是转换精度高，抗干扰性能好，价格便宜。其缺点是转换速度较慢，因此，这种转换器主要用于速度要求不高的场合。

另一种常用的 A/D 转换器是逐次逼近式的，逐次逼近式 A/D 转换器是一种速度较快，精度较高的转换器，其转换时间大约在几 μs 到几百 μs 之间。通常使用的逐次逼近式典型 A/D 转换器芯片有以下几种。

（1）ADC0801～ADC0805 型 8 位 MOS 型 A/D 转换器（美国国家半导体公司产品）。

（2）ADC0808/0809 型 8 位 MOS 型 A/D 转换器。

（3）ADC0816/0817。这类产品除输入通道数增加至 16 个以外，其他性能与 ADC0808/0809 型基本相同。

（二）ADC0809 介绍

ADC0809 是典型的 8 位 8 通道逐次逼近式 A/D 转换器，CMOS 工艺。

1. ADC0809 的内部逻辑结构

ADC0809 内部逻辑结构如图 4-3 所示。图 4-3 中，多路开关可选通 8 个模拟通道，允许 8 路模拟量分时输入，共用一个 A/D 转换器进行转换。地址锁存与译码电路完成对 A、B、C 三个地址位进行锁存和译码，其译码输出用于通道选择，如表 4-1 所示。

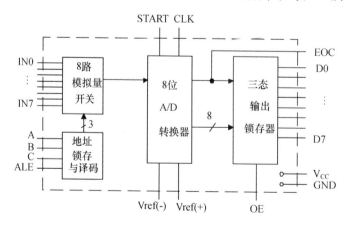

图 4-3　ADC0809 内部逻辑结构

表 4-1　ADC0809 通道选择编码

C	B	A	通道号
0	0	0	IN0
0	0	1	IN1
0	1	0	IN2
0	1	1	IN3
1	0	0	IN4
1	0	1	IN5
1	1	0	IN6
1	1	1	IN7

8 位 A/D 转换器是逐次逼近式，由控制与时序电路、逐次逼近寄存器、树状开关以及 256R 电阻阶梯网络等组成。输出锁存器用于存放和输出转换得到的数字量。

ADC0809 芯片为 28 引脚双列直插式封装，其引脚排列如图 4-4 所示。

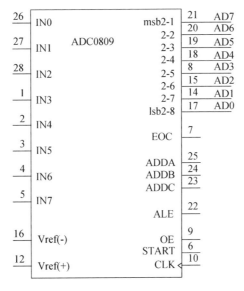

图 4-4　ADC0809 引脚排列

ADC0809 主要引脚功能说明如下。

（1）IN7～IN0：模拟量输入通道。ADC0809 对输入模拟量的要求主要有：信号单极性，电压范围 0～5V，若信号过小还需进行放大。另外，在 A/D 转换过程中，模拟量输入的值不应变化太快，因此对变化速度快的模拟量，在输入前应增加采样保持电路。

（2）A、B、C：地址线。A 为低位地址，C 为高位地址，用于对模拟通道进行选择。其地址状态与通道相对应的关系如表 4-1 所示。

（3）ALE：地址锁存允许信号。在对应 ALE 上升沿，A、B、C 地址状态送入地址锁存器中。

（4）START：转换启动信号。START 上升沿时，所有内部寄存器清 0；START 下降沿时，开始进行 A/D 转换；在 A/D 转换期间，START 应保持低电平。

（5）D7～D0：数据输出线。其为三态缓冲输出形式，可以和单片机的数据线直接相连。

（6）OE：输出允许信号。其用于控制三态输出锁存器向单片机输出转换得到的数据。OE = 0，输出数据线呈高电阻；OE = 1，输出转换得到的数据。

（7）CLK：时钟信号。ADC0809 的内部没有时钟电路，所需时钟信号由外界提供，因此有时钟信号引脚。通常使用频率为 500kHz 的时钟信号。

（8）EOC：转换结束状态信号。EOC = 0，正在进行转换；EOC = 1，转换结束。该状态信号既可作为查询的状态标志，又可以作为中断请求信号使用。

（9）V_{CC}：+5V 电源。

（10）Vref：参考电源。参考电压用来与输入的模拟信号进行比较，作为逐次逼近的基准。其典型值为 +5V［Vref（+）= +5V］，Vref（－）接 GND［Vref（－）=0V］

2. MCS-51 单片机与 ADC0809 接口

ADC0809 与 MCS-51 单片机的一种连接电路连接主要涉及两个问题，一是 8 路模拟信号通道选择，二是 A/D 转换完成后转换数据的传送。

把 ADC0809 的 ALE 信号与 START 信号连接在一起了，这样使得在 ALE 信号的前沿写入地址信号，紧接着在其后沿就启动转换。

ADC0809 进行转换只需要下面的指令（以通道 0 为例）：

```
MOV    DPTR,#0000H      ;选中通道 0
MOVX   @ DPTR,A         ;信号有效,启动转换
```

A/D 转换后得到的是数字量的数据，这些数据应传送给单片机进行处理。数据传送的关键问题是如何确认 A/D 转换完成，因为只有确认数据转换完成后，才能进行传送。为此，可采用下述 3 种方式。

1）定时传送方式

对于一种 A/D 转换器来说，转换时间作为一项技术指标是已知的和固定的。例如，ADC0809 转换时间为 128 μs，相当于 6 MHz 的 MCS-51 单片机 R64 个机器周期。可据此设计一个延时子程序，A/D 转换启动后即调用这个延时子程序，延迟时间一到，转换肯定已经完成了，接着就可进行数据传送。

2）查询方式

A/D 转换芯片有表明转换完成的状态信号，如 ADC0809 的 EOC 端。因此，可以用查询方式，软件测试 EOC 的状态，即可确知转换是否完成，然后进行数据传送。

3）中断方式

把表明转换完成的状态信号（EOC）作为中断请求信号，以中断方式进行数据传送。

EOC 信号经过反相器后送到单片机的 UMDJ，因此可以采用查询该引脚或中断的方式进行转换后数据的传送。

不管使用上述哪种方式，一旦确认转换完成，即可通过指令进行数据传送。首先送出口地址，并以作选通信号，当信号有效时，OE 信号即有效，把转换数据送上数据总线，

供单片机接收，即：

```
MOV    DPTR,#0000H        ;选中通道 0
MOVX   A,@ DPTR           ;信号有效,输出转换后的数据到 A 累加器
```

四、项目小结

以数字电压表为项目案例，主要训练了 A/D 转换接口技术应用。其中以 ADC0809 典型芯片完成 A/D 转换，数码管显示电压值，系统简介实用，对于提高单片机信号采集系统的开发具有重要意义。在基本知识中，介绍了 A/D 转换的基本概念和 ADC0809 的使用常识。

◥ 思考与练习

1. 如何修改采样频率？

2. ADC0809 使用注意事项有哪些？

3. 运行程序，转动电位器，观察数码管显示的数值是否随着电位器电位的改变而变化，如果电位值变大数码值是否变大，电位值减小数码值是否变小。

项目五　波形发生器

一、项目目标

1. 了解 DAC0832 基本结构和引脚功能。
2. 熟悉单片机数模/转换的硬件电路。
3. 掌握方波、锯齿波、阶梯波编程，总结编程规律。
4. 了解串口 DA TLC5617 的特点。

二、项目设计

（一）硬件电路设计

本项目是利用 DAC0832 实现数/模转换产生锯齿波、方波和阶梯波三种波形。DAC0832 有直通、单缓冲、双缓冲三种工作方式，本项目利用单缓冲方式设计一个多功能波形发生器，电路原理图如图 5-1 所示。

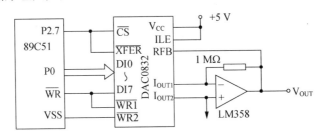

图 5-1　单缓冲工作方式波形发生器电路原理图

（二）程序设计

在工程实践中，常需要各类波形，常见的有锯齿波、方波和梯形波等，用 51 单片机控制 DAC0832 实现波形发生器是一种成本低、精度高的方案。

1. 方波

方波汇编源程序
```
ORG 0000H
LJMP MAIN
```

方波 C 源程序
```
#include"reg51.h"
#include"absacc.h"
```

```
       ORG 1000H
MAIN:MOV DPTR,#7FFFH ;选择 DAC0832
     MOV R6,#255        ;设置低电平循环次数
     MOV R5,#255        ;设置高电平循环次数
LOOP1:MOV A,#00H        ;初始值赋给 A
     MOVX@ DPTR,A       ;输出数据到 DAC0832
     DJNZ R6,LOOP1
LOOP2:MOV A,#255        ;方波最大值送给 A
     MOVX@ DPTR,A       ;输出数据到 DAC0832
     DJNZ R5,LOOP2
     LJMP MAIN          ;重新开始输出方波
     END
```

```c
#define DAC0832 PBYTE[0x7fh]
Main()
{
  char i,k;
  Do{ for(k=0;k<255;k++)
       {for(i=0;i<255;i++)
{DAC0832=0}
for(i=0;i<255;i++)
{DAC0832=255   }
        }
     }
  }
```

2. 梯形波

梯形波汇编源程序

```
       ORG 0000H
       LJMP MAIN
       ORG 1000H
MAIN:MOV DPTR,#7FFFH    ;选择 DAC0832
     MOV R6,#255        ;设置低电平循环次数
     MOV R5,#255        ;设置高电平循环次数
     MOV A,#00H         ;初始值赋给 A
LOOP1:MOVX@ DPTR,A      ;输出数据到 DAC0832
     INCA
     DJNZ R6,LOOP1      ;形成上升沿
     LOOP2:MOV A,#255   ;方波最大值送给 A
     MOVX@ DPTR,A       ;输出数据到 DAC0832
     DJNZ R5,LOOP2      ;形成上底
LOOP3:MOVX@ DPTR,A      ;输出数据到 DAC0832
     DEC A
     CJNE A,#00H,LOOP3  ;形成下底
     LJMP MAIN          ;重新开始输出方波
       END
```

梯形波 C 源程序

```c
#include"reg51.h"
#include"absacc.h"
#define DAC0832 PBYTE[0x7fh]
Main()
{
  char i,k;
  Do{ for(k=0;k<255;k++)
       {for(i=0;i<255;i++)
          {DAC0832=i}
       for(i=0;i<255;i++)
          {DAC0832=255}
       for(i=0;i<255;i++)
          {DAC0832=255-i}'
        }
     }
  }
```

3. 锯齿波

在许多控制系统应用中，要求有一个线性增长的电压（锯齿波）来控制检测过程，移动记录笔或移动电子束等。这可通过在 DAC0832 的输出端接运算放大器，由运算放大器产生锯齿波来实现。其电路如图 5-1 所示。图中的 DAC0832 工作于单缓冲方式，其中输入寄存器受控，而 DAC 寄存器直通。

锯齿波汇编源程序

```
START:MOV DPTR,#7FFFH
      MOV R1,#00H
LOOP1:MOV A,R1
      MOVX@ DPTR,A
      INC R1
      NOP
      SJMP LOOP1
      End
```

锯齿波 C 源程序

```c
#include"reg51.h"
#include"absacc.h"
#define DAC0832 PBYTE[0x7fh]
Main()
{chari;
Do{for(i=0;i<255;i++)
{DAC0832=i}   }
}
```

执行上述程序后，在运算放大器的输出端就能得到3种波形，如图5-2所示。

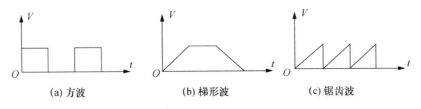

(a) 方波　　　　　　　　(b) 梯形波　　　　　　　(c) 锯齿波

图 5-2　DAC0832 生成的波形

三、相关知识

(一) D/A 转换器的主要性能指标

1. 分辨率

分辨率是指输入数字量的最低有效位（LSB）发生变化时，所对应的输出模拟量（常为电压）的变化量。它反映了输出模拟量的最小变化值。

分辨率与输入数字量的位数有确定的关系，可以表示成 $FS/2^n$。FS 表示满量程输入值，n 为二进制位数。对于 5V 的满量程，采用 8 位的 DAC 时，分辨率为 5V/256 = 19.5mV；当采用 12 位的 DAC 时，分辨率则为 5V/4096 = 1.22mV。显然，位数越多分辨率就越高。

2. 线性度

线性度（也称为非线性误差）是实际转换特性曲线与理想直线特性之间的最大偏差。常以相对于满量程的百分数表示。如 ±1% 是指实际输出值与理论值之差在满刻度的 ±1% 以内。

3. 绝对精度和相对精度

绝对精度（简称精度）是指在整个刻度范围内，任一输入数码所对应的模拟量实际输出值与理论值之间的最大误差。绝对精度是由 DAC 的增益误差（当输入数码为全 1 时，实际输出值与理想输出值之差）、零点误差（数码输入为全 0 时，DAC 的非零输出值）、非线性误差和噪声等引起的。绝对精度（即最大误差）应小于 1 个 LSB。

相对精度与绝对精度表示同一含义，用最大误差相对于满刻度的百分比表示。

4. 建立时间

建立时间是指输入的数字量发生满刻度变化时，输出模拟信号达到满刻度值的 ±1/2LSB 所需的时间。是描述 D/A 转换速率的一个动态指标。

电流输出型 DAC 的建立时间短。电压输出型 DAC 的建立时间主要决定于运算放大器的响应时间。根据建立时间的长短，可以将 DAC 分成超高速（< 1 μs）、高速（10～1 μs）、中速（100～10 μs）、低速（≥100 μs）几挡。

应当注意，精度和分辨率具有一定的联系，但概念不同。DAC 的位数多时，分辨率会提高，对应于影响精度的量化误差会减小。但其他误差（如温度漂移、线性不良等）的影响仍会使 DAC 的精度变差。

（二）D/A 转换器芯片 DAC0832

DAC0832 是一个分辨率为 8 位的 D/A 转换器。单电源供电，从 +5～ +15V 均可正常工作，基准电压范围为 10V，电流建立时间为 1 μs，CMOS 工艺，低功耗 20mW。

DAC0832 转换器芯片为 20 引脚，DIP 为双列直插式封装，MCCP 为装模塑芯片载体封装，其引脚排列如图 5-3 所示，内部结构框图如图 5-4 所示。

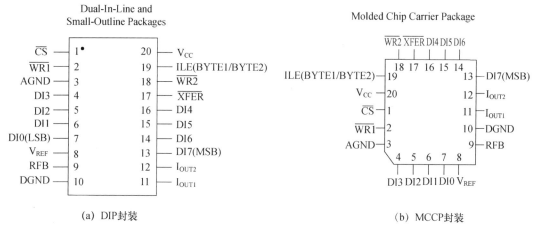

图 5-3 DAC0832 引脚

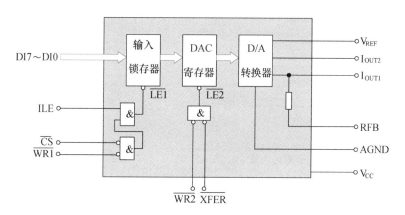

图 5-4 DAC0832 内部结构框图

DAC0832 引脚特性如下。

（1）DI7～DI0：转换数据输入线。

（2）$\overline{CS}$：片选信号（输入），低电平有效。

（3）ILE：数据锁存允许信号（输入），高电平有效。

（4）$\overline{WR1}$：数据输入寄存器写信号（输入），低电平有效。

（5）$\overline{WR2}$：DAC 寄存器写信号（输入），低电平有效。

（6）$\overline{XFER}$：数据传送控制信号（输入），低电平有效。

（7）I_{OUT1}：电流输出 1。

（8）I_{OUT2}：电流输出 2。

注意：DAC 转换器的特性之一是 $I_{OUT1} + I_{OUT2} = $ 常数。

（9）RBF：反馈信号输入端，芯片内带有反馈电阻。

（10）V_{REF}：基准电压，范围为 $-10\sim +10V$。

（11）DGND：数字地。

（12）AGND：模拟地。

（三）DAC0832 与 MCS-51 单片机的接口

1. 单缓冲工作方式

单缓冲工作方式适用于只有一路模拟量输出，或有几路模拟量输出但并不要求同步的系统，如图 5-1 所示。

双极性模拟输出方式，如图 5-5 所示。

2. 双缓冲工作方式

多路 D/A 转换输出，如果要求同步进行，就应该采用双缓冲器同步方式，如图 5-6 所示。

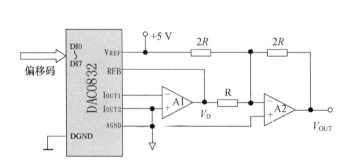

图 5-5 双极性模拟输出方式

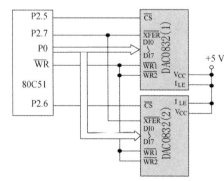

图 5-6 DAC0832 的双缓冲工作方式

3. 直通工作方式

当 DAC0832 芯片的片选信号、写信号及传送控制信号的引脚全部接地，允许输入锁存信号 ILE 引脚接 +5V 时，DAC0832 芯片就处于直通工作方式，数字量一旦输入，就直接进入 DAC 寄存器，进行 D/A 转换。

（四）串行 DA TLC5617 转换技术

1. 引脚分布

TLC5617 引脚分布如图 5-7 所示。

2. 电路原理图

串行 D/A 转换原理图如图 5-8 所示。

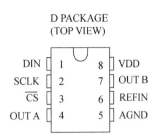

图 5-7　TLC5617 引脚分布图

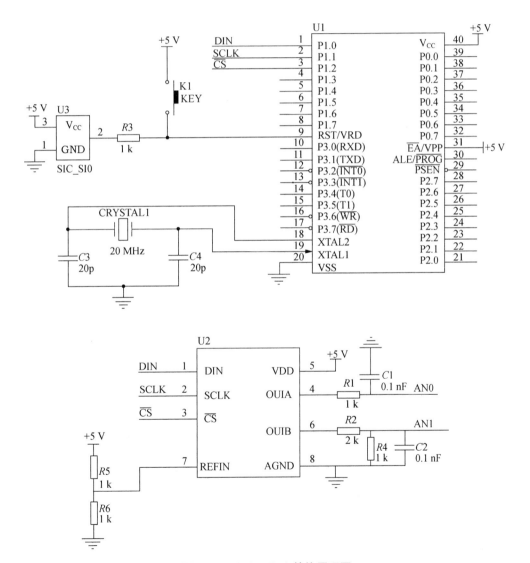

图 5-8　TLC5617 D/A 转换原理图

3. C 语言源程序

```c
#include<stdio.h>
#include<absacc.h>
#include<intrins.h>
#include<./Atmel/at89x52.h>
#include"source.h"
unsigned int Mv_To_Dat(unsigned int mv){
                                            #define Vref_2times   5
                                            unsigned int dat;
                                            dat=mv*(1024/5);
                                            dat&=0x3ff;//10 bits is vaild.
                                            return dat;
                                          }
void Spi_Write(unsigned int dat){
                                  unsigned char i;
                                  TLC_NCS=0;
                                  TLC_CLK_SET;
                                  for(i=0;i<16;i++){
                                                      TLC_DIN=
                                                      ((dat&0x8000)>0)
                                                      ?1:0;
                                                      TLC_CLK_PULSE;
                                                      dat<<=1;
                                                    }
                                  TLC_CLK_SET;
                                  TLC_NCS=1;
                                }
#define SLOW_MODE          0X4000
#define FAST_MODE          0X0000
#define NORMAL_POWER_MODE  0X0000
#define SAVE_POWER_MODE    0X2000
void WriteA_RefreshB(unsigned int mv){  /*通道 A 和 B 的模拟电压同时更新*/
                                        unsigned int dat;
                                        dat=Mv_To_Dat(mv);
                                        dat<<=2;
                                        dat|=FAST_MODE|NORMAL_POWER_MODE
                                        |0x8000;
                                        Spi_Write(dat);

                                      }
void WriteB_DoubleBuf(unsigned int mv){  /*写通道 B 和双缓冲寄存器*/
                                        unsigned int dat;
                                        dat=Mv_To_Dat(mv);
                                        dat<<=2;
                                        dat|=FAST_MODE|NORMAL_POWER_
                                        MODE|0x0000;
                                        Spi_Write(dat);
                                      }
void Write_DoubleBuf(unsigned int mv){  /*仅写双缓冲寄存器*/
                                        unsigned int dat;
```

```
                                        dat＝Mv_To_Dat(mv);
                                        dat＜＜＝2;
                                        dat ｜＝FAST_MODE｜NORMAL_POWER_MODE
                                        ｜0x0001;
                                        Spi_Write(dat);
                               }
void Refresh_Two_Volt(unsigned int chla_mv,unsigned int chlb_mv){/*同时更新通
道A和通道B的模拟电压值*/
Write_DoubleBuf(chlb_mv);/*先写双缓冲寄存器的值,其对应的是通道B的电压*/
WriteA_RefreshB(chla_mv);/*写通道A的电压,同时把双缓冲的电压值更新到B通道*/
/*这就达到了同时更新两路电压的目的*/
}
void Refresh_ChlA_Volt(unsigned int mv){/*只更新A的模拟电压*/
WriteA_RefreshB(mv);/*因为双缓冲寄存器的值没有改*/
                        /*所以这是只更新通道A的模拟电压*/
}
void Refresh_ChlB_Volt(unsigned int mv){/*只更新B的模拟电压*/
  WriteB_DoubleBuf(mv);/*此命令更新通道B的模拟电压值*/
        /*同时写双缓冲的值,这样就可以在更新其他通道时使用双缓冲寄存器中的值了,不会改变
        通道B的电压了*/
}
main()
{
    unsigned int  chl_bmv,chl_amv;
    unsigned int  i;
    IE＝0X40;
    EA＝1;        /*Enable interrupts*/
    chl_bmv＝1000;/*1V电压*/
    chl_amv＝2000;/*2V电压*/
    i＋＋;
    if(i＝＝10000){
                    chl_amv＝1000;//1V
                    Refresh_ChlA_Volt(chl_amv);
                }
    else if(i＝＝20000){
                    chl_bmv＝2000;//2v
                    Refresh_ChlB_Volt(chl_bmv);
                }
    else if(i＝＝30000){
                    i＝0;
                    chl_bmv＝3000;//3v
                    Refresh_Two_Volt(chl_amv,chl_bmv);
                }
}
```

四、项目小结

本项目主要讲解如何用 MCS-51 单片机与 DAC0832 构建一个多功能的波形发生器，给

出了接口电路和汇编及 C 语言程序，训练了数据传送指令、跳转指令、循环指令以及 C 语言的循环程序，并经过 Proteus 和 Keil 硬件仿真和软件仿真，进一步强化了工程化的单片机开发过程，要求读者进一步熟悉汇编及 C 语言相关指令，熟练 Proteus 和 Keil 的使用方法，对于降低工程实践开发成本具有重要意义。另外，本项目还介绍了串口 D/A 芯片 TLC5617 的应用。

◤ 思考与练习

1. DAC 0832 的作用是什么？分辨率是多少位？

2. D/A 转换器的指标有哪些？

3. D/A 转换器芯片 0832 的工作方式有哪几种？

4. 编程题

利用 MCS-51 单片机及 DAC 0832 产生阶梯波，DAC 0832 采用单缓冲方式，定时 1 ms，增幅 10，10 ms 一循环。

5. 比较串口 D/A 芯片 TLC5617 与 DAC0832 的特点。

项目六 单片机通信系统

一、项目目标

1. 掌握定时器的功能和编程使用。
2. 理解串行通信与并行通信的两种方式。
3. 掌握串行通信的重要指标：字符帧和波特率。
4. 掌握 MCS-51 单片机串行口的使用方法。

二、项目设计

将 A 单片机内部 RAM 20H～25H 单元的数据发送给 B 单片机，并在 B 单片机的 6 个数码管中显示出来。

通信双方均采用定时器 1 的工作方式 2，波特率为 2400b/s，信息格式为 8 个数据位，无奇偶校验位。A 单片机中 20H～25H 单元用来存放 6 个数据，B 单片机中 20H～25H 单元为 6 个显示数据缓冲区。

三、项目实施

（一）系统硬件设计

硬件电路图如图 6-1 所示。

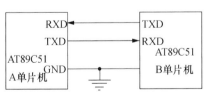

图 6-1　双机通信电路图

通过查阅串行口相关知识，掌握串行通信的基本概念及与并行通信的区别，掌握认识 MCS-51 单片机中串行口的工作原理。按图 6-1 将两个电路板中的 RXD 和 TXD 端对应相连，并将两个电路板共地。系统连线方法如表 6-1 所示。

表 6-1　双机通信连线

	A01（A 单片机）	A01（B 单片机）	A05（B 单片机）
连接 1	GND	GND	
连接 2	RXD	TXD	
连接 3	TXD	RXD	
连接 4		+5V/GND	+5V/GND
连接 5		P2.0～P2.7	a～dp
连接 6		P0.5～P0.0	PWR1～PWR6

（二）程序设计

1. 程序流程图

图 6-2 为 A 单片机发送流程图，图 6-3 为 B 单片机接收及显示流程图。

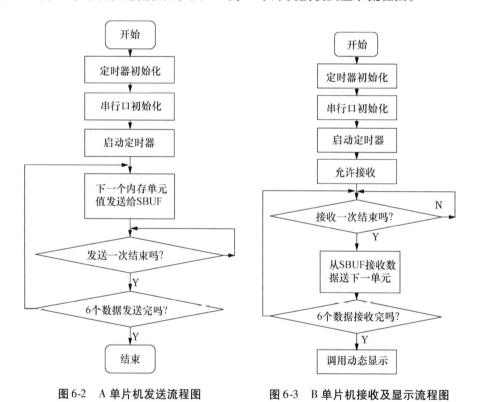

图 6-2　A 单片机发送流程图　　　　图 6-3　B 单片机接收及显示流程图

2. 源程序

系统源程序清单有两部分，分别为 A 单片机发送源程序，B 单片机接收并显示源程序。

（1）A 单片机发送程序

```
        ORG     0000H
        AJMP    MAIN
        ORG     0100H
MAIN:   MOV     TMOD,#20H
        MOV     TL1,#0F4H
        MOV     TH1,#0F4H
        SETB    TR1
        MOV     SCON,#40H
        MOV     R0,#20H
        MOV     R7,#06H
START:  MOV     A,@R0
        MOV     SBUF,A
WAIT:   JBC     TI,CONT
        AJMP    WAIT
CONT:   INC     R0
        DJNZ    R7,START
        SJMP    END
```

（2）B 单片机接收及显示程序

```
        ORG     0000H
        AJMP    MAIN
        ORG     0100H
MAIN:   MOV     TMOD,#20H
        MOV     TL1,#0F4H
        MOV     TH1,#0F4H
        SETB    TR1
        MOV     SCON,#40H
        MOV     R0,#20H
        MOV     R7,#06H
        SETB    REN
WAIT:   JBC     RI,READ
        AJMP    WAIT
READ:   MOV     A,SBUF
        MOV     @R0,A
        INC     R0
        DJNZ    R7,WAIT
DISP:   LCALL   DISPLAY
        SJMP    DISP
DISPLAY: PUSH   ACC             ;A 入栈保护
        MOV     R2,#06H         ;LED 待显示位数送 R2
        MOV     R1,#00H         ;设定显示时间
        MOV     R3,#20H         ;选中最左端 LED
        MOV     R0,#20H         ;显示缓冲区首址送 R0
        MOV     R5,#100
MM:     MOV     A,@R0
DISP1:  MOV     DPTR,#TAB
        MOVC    A,@A+DPTR       ;查表取得字形码
        CPL     A
        MOV     P2,A
        MOV     A,R3            ;取位选字
```

```
            MOV     P0,A
            DJNZ    R1,MYM              ;延时 0.5 ms
            DJNZ    R1,MYM              ;延时 0.5 ms
            DJNZ    R5,MM
            RR      A                   ;位选字移位
            MOV     R3,A                ;移位后的位选字送 R3
            INC     R0                  ;指向下一位缓冲区地址
            MOV     A,@ R0              ;缓冲区数据送 A
            DJNZ    R2,DISP1            ;未扫描完,继续循环
            POP     ACC                 ;A 出栈,恢复现场
            RET
    TAB:    DB      3FH,06H,5BH,4FH,66H ;共阴极 LED 字形表
            DB      6DH,7DH,07H,7FH,6FH
            END
```

四、相关知识

（一）定时器/计数器

AT89C51 有两个 16 位可编程定时器/计数器：T0、T1，其计数寄存器分别由 THx 和 TLx 两个 8 位计数寄存器构成。当各位为全"1"后再加 1 就发生溢出，溢出使定时器/计数器的寄存器各位变为全"0"。此外，工作方式、定时时间、计数值、启动、中断请求等都可以由程序设定，其逻辑结构如图 6-4 所示。

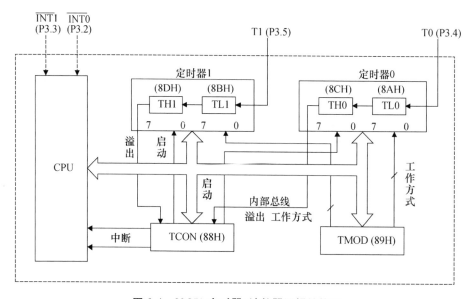

图 6-4　89C51 定时器/计数器逻辑结构图

由图 6-4 可知，89C51 定时器/计数器由定时器 0、定时器 1、定时器方式寄存器 TMOD 和定时器控制寄存器 TCON 组成。

定时器 0、定时器 1 是 16 位加法计数器，分别由两个 8 位专用寄存器组成。定时器 0 由 TH0 和 TL0 组成，定时器 1 由 TH1 和 TL1 组成。TL0、TL1、TH0、TH1 的访问地址依次为 8AH～8DH，每个寄存器均可单独访问。定时器 0 或定时器 1 用作计数器时，对芯片引脚 T0（P3.4）或 T1（P3.5）上输入的脉冲计数，每输入一个脉冲，加法计数器加 1；其用作定时器时，对内部机器周期脉冲计数，由于机器周期是定值，故计数值确定时，时间也随之确定。

1. 定时器/计数器工作模式和控制寄存器

定时器/计数器有两种工作模式，定时模式时，计数脉冲由单片机晶振频率经 12 分频（机器周期）后提供；计数模式时，T0、T1 的计数脉冲从 P3.4（T0）、P3.5（T1）引脚上输入。

1）定时器/计数器的控制寄存器

（1）TCON 定时器/计数器控制寄存器，如表 6-2 所示。

表 6-2 TCON 控制寄存器

位	D7	D6	D5	D4	D3	D2	D1	D0
位符号	TF1	TR1	TF0	TR0	IE1	IT1	IE0	IT0

TCON 的作用是控制定时器的启动/停止、标志定时器的溢出和中断情况。

TCON 控制寄存器的各位含义如下。

① TF1：定时器 1 溢出标志位。当定时器 1 计满数产生溢出时，由硬件自动置 TF1 = 1。在中断允许时，向 CPU 发出定时器 1 的中断请求，进入中断服务程序后，由硬件自动清 0。在中断屏蔽时，TF1 可作查询测试用，此时只能由软件清 0。

② TR1：定时器 1 运行控制位。由软件置 1 或清 0 来启动或关闭定时器 1。当 GATE = 1，且为高电平时，TR1 置 1 启动定时器 1；当 GATE = 0 时，TR1 置 1 即可启动定时器 1。

③ TF0：定时器 0 溢出标志位。其功能及操作情况同 TF1。

④ TR0：定时器 0 运行控制位。其功能及操作情况同 TR1。

⑤ IE1：外部中断 1（$\overline{INT1}$）请求标志位。

⑥ IT1：外部中断 1 触发方式选择位。

⑦ IE0：外部中断 0（$\overline{INT1}$）请求标志位。

⑧ IT0：外部中断 0 触发方式选择位。

TCON 的字节地址为 88H，可以位寻址，清溢出标志位或启动定时器都可以用位操作指令。

（2）TMOD 定时器/计数器方式控制寄存器，如表 6-3 所示。

表 6-3 TMOD 方式控制寄存器

位	D7	D6	D5	D4	D3	D2	D1	D0
位符号	GATE	C/$\overline{T}$	M1	M0	GATE	C/$\overline{T}$	M1	M0

TMOD 的低 4 位为定时器 0 的方式字段，高 4 位为定时器 1 的方式字段，它们的含义

完全相同。

① GATE：门控位。当 GATE = 0 时，软件控制位 TR0 或 TR1 置 1 即可启动定时器；当 GATE = 1 时，软件控制位 TR0 或 TR1 须置 1，同时还须（P3.2）或（P3.3）为高电平方可启动定时器，即允许外中断、启动定时器。

TMOD 不能位寻址，只能用字节指令设置高 4 位定义定时器 1，低 4 位定义定时器 0 的工作方式。复位时，TMOD 所有位均置 0。

② $C/\overline{T}$：功能选择位。$C/\overline{T}$ = 0 时，设置为定时器工作方式；$C/\overline{T}$ = 1 时，设置为计数器工作方式。

定时器/计数器 T0 内部控制逻辑结构如图 6-5 所示，T1 与之类似。

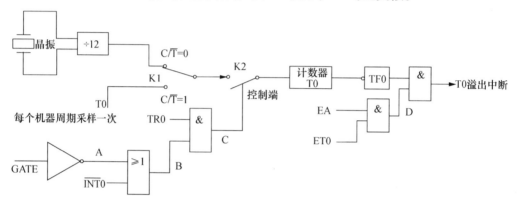

图 6-5　定时器/计数器 T0 内部控制逻辑结构

2）定时器/计数器 T0 和 T1 的工作方式

定时器/计数器 T0 和 T1 的工作方式如表 6-4 所示。

表 6-4　MSC-51 单片机内部定时器/计数器的工作方式

M1　M0	工作方式	计数器的功能
0　0	0	13 位计数器
0　1	1	16 位计数器
1　0	2	自动重载初始值的 8 位计数器
1　1	3	T0 为两个独立的 8 位计数器，T1 停止工作

（1）方式 0：13 位计数方式，如图 6-6 所示。

D12	D11	D10	D9	D8	D7	D6	D5	×	×	×	D4	D3	D2	D1	D0

　　　　　　　　　TH0/TH1　　　　　　　　　　　　　　　　　TL0/TL1

图 6-6　13 位计数方式

（2）方式 1：16 位计数方式，如图 6-7 所示。其内部结构如图 6-8 所示。

D15	D14	D13	D12	D11	D10	D9	D8	D7	D6	D5	D4	D3	D2	D1	D0

　　　　　　　　　TH0/TH1　　　　　　　　　　　　　　　　　TL0/TL1

图 6-7　16 位计数方式

提示：方式 0 和方式 1 用于循环计数，在每次计满溢出后，计数器都置 0，要进行新一轮计数还须重置计数初值。这不仅导致编程麻烦，而且影响定时时间精度。

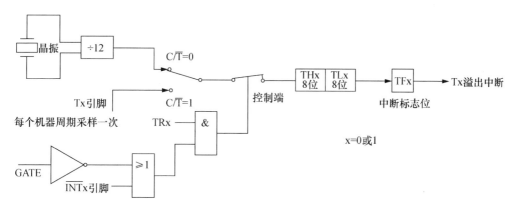

图 6-8　定时器/计数器方式 1 控制结构

（3）方式 2：16 位加法计数器的 TH0 和 TL0 具有不同功能，其中，TL0 是 8 位计数器，TH0 是重置初值的 8 位缓冲器，其内部结构如图 6-9 所示。

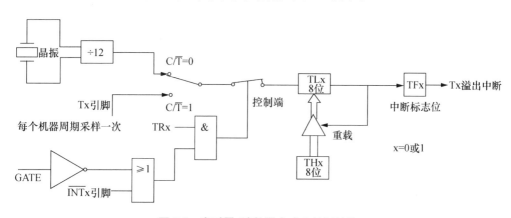

图 6-9　定时器/计数器方式 2 控制结构

方式 2 具有初值自动装入功能，适合用作较精确的定时脉冲信号发生器。在程序初始化时，TL0 和 TH0 由软件赋予相同的初值。一旦 TL0 计数溢出，TF0 将被置位，同时，TH0 中的初值装入 TL0，从而进入新一轮计数，如此循环不止。

（4）方式 3：内部结构如图 6-10 所示。方式 3 定时器 0 被分解成两个独立的 8 位计数器 TL0 和 TH0。其中，TL0 占用原定时器 0 的控制位、引脚和中断源，即 GATE、TR0、TF0 和 T0（P3.4）引脚、（P3.2）引脚。除计数位数不同于方式 0、方式 1 外，其功能、操作与方式 0、方式 1 完全相同，可定时也可计数。TH0 占用原定时器 1 的控制位 TF1 和 TR1，同时还占用了定时器 1 的中断源，其启动和关闭仅受 TR1 置 1 或清 0 控制。TH0 只能对机器周期进行计数，因此 TH0 只能用作简单的内部定时，不能用作对外部脉冲进行计数，是定时器 0 附加的一个 8 位定时器。

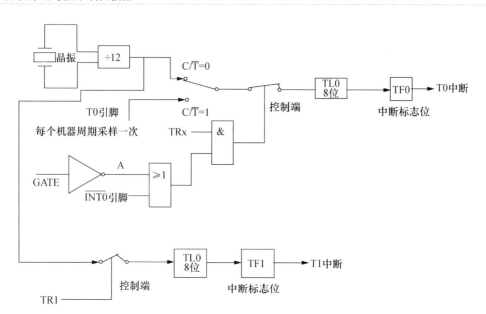

图 6-10 定时计数器方式 3 内部控制结构

2. 定时器/计数器初值的计算

（1）计数器初值的计算。设计数值为 L，计数初值 N，由此便可得到如下的计算通式：

$$N = M - L$$

式中，M 为计数器模值
（2）定时器初值的计算。

计数值：$L = M - N$

定时值：$T = L \times 12 / f_{osc} = 12 \ (M - N) \ / f_{osc}$

3. 定时器/计数器初始化步骤

（1）根据应用系统的要求，先给定时器方式控制寄存器 TMOD 送一个方式控制字，设置定时器/计数器的工作方式。

（2）根据实际需要给定时器/计数器的寄存器 TH0/TH1、TL0/TL1 和 TH2/TL2 传送计数初值。

（3）根据需要给中断允许寄存器 IE 选送中断控制字，并给中断优先级寄存器 IP 选送中断优先级字。

（4）给定时器控制寄存器 TCON 送命令字，以便启动或禁止定时器/计数器的运行。

【例6-1】 试用定时器1，方式2实现1 s的延时。

解：因为方式2是8位计数器，其最大定时时间为：$256 \times 1\,\mu s = 256\,\mu s$，为实现1 s延时，可选择定时时间为 $250\,\mu s$，再循环 4 000 次。定时时间选定后，可确定计数值为 250，则定时器1的初值为：$X = M -$ 计数值 $= 256 - 250 = 6 = 6$（H）。采用定时器1，方式2工作，因此，TMOD $= 20$ H。

可编得 1 s 延时子程序如下：

```
DELAY:MOV    R5,#28H        ;置 25 ms 计数循环初值
      MOV    R6,#64H        ;置 250 μs 计数循环初值
      MOV    TMOD,#20H      ;置定时器 1 为方式 2
      MOV    TH1,#06H       ;置定时器初值
      MOV    TL1,#06H
      SETB   TR1            ;启动定时器
LP1:JBC      TF1,LP2        ;查询计数溢出
      SJMP   LP1            ;无溢出则继续计数
LP2:DJNZ     R6,LP1         ;未到 25 ms 继续循环
      MOV    R6,#64H
      DJNZ   R5,LP1         ;未到 1 s 继续循环
      RET
```

（二）数码管动态显示技术

动态显示是一位一位地轮流点亮各位数码管，这种逐位点亮显示器的方式称为位扫描。通常，各位数码管的段选线相应并联在一起，由一个 8 位的 I/O 口控制；各位的位选线（公共阴极或阳极）由另外的 I/O 口线控制。动态方式显示时，各数码管分时轮流选通，要使其稳定显示，必须采用扫描方式，即在某一时刻只选通一位数码管，并送出相应的段码，在另一时刻选通另一位数码管，并送出相应的段码。依此规律循环，即可使各位数码管显示将要显示的字符。虽然这些字符是在不同的时刻分别显示，但由于人眼存在视觉暂留效应，只要每位显示间隔足够短就可以给人以同时显示的感觉。动态显示数码管原理图如图 6-11 所示。

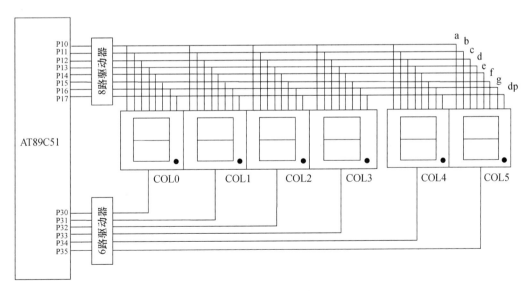

图 6-11 动态显示数码管原理图

图 6-11 采用定时扫描的方式，每位显示时间位 4 毫秒。定时功能由单片机的定时器 1 完成。显示的数据存放在 30H、31H、32H、33H、34H、35H 6 个单元中。本电路数码管为共阴数码管，段驱动为低电平有效。源程序如下：

```
            ORG     0000H
            AJMP    MAIN
            ORG     1BH
            AJMP    TMR1
            ORG     30H
    MAIN:   MOV     TMOD, #10H
            MOV     TH1,    #0EFH
            MOV     TL1,    #0B8H    ;4.17ms
            SETB    TR1
            SETB    ET1
            SETB    EA
            MOV     R0,#30H
            MOV     R3,#00H
            SJMP    TMR1:  PUSH   PSW
            CLR     TR1
            MOV     TH1,#0EFH
            MOV     TL1,#0B8H
            SETB    TR1
            CJNE    R3,#00H,LOOP1
            MOV     A,  @R0
            MOV     DPTR,#TAB
            MOVC    A,  @A+DPTR
            MOV     P1,A
            MOV     A,  #11111110B  ;
            MOV     P3,A
            INC     R3
            INC     R0
            AJMP    LOOP6
    LOOP1:  CJNE    R3,#01H,LOOP2
            MOV     A,  @R0  ;
            MOV     DPTR,#TAB
            MOVC    A,  @A+DPTR
            MOV     P1,A
            MOV     A,  #11111101B  ;
            MOV     P3,A
            INC     R3
            INC     R0
            AJMP    LOOP6
    LOOP2:  CJNE    R3,#02H,LOOP3
            MOV     A,  @R0  ;
            MOV     DPTR,  #TAB
            MOVC    A,  @A+DPTR
            MOV     P1,A
            MOV     A,  #11111011B  ;
            MOV     P3,A
            INC     R3
            INC     R0
```

```
            AJMP     LOOP6
LOOP3 :CJNE    R3,#03H,LOOP4
            MOV      A, @ R0   ;
            MOV      DPTR, #TAB
            MOVC     A, @ A + DPTR
            MOV      P1,A
            MOV      A, #11110111B  ;
            MOV      P3,A
            INC      R3
            INC      R0
            AJMP     LOOP6
LOOP4 :CJNE    R3,#04H,LOOP5
            MOV      A, @ R0   ;
            MOV      DPTR, #TAB
            MOVC     A, @ A + DPTR
            MOV      P1,A
            MOV      A, #11101111B  ;
            MOV      P3,A
            INC      R3
            INC      R0
            AJMP     LOOP6
LOOP5 :CJNE    R3,#05H,LOOP6
            MOV      A, @ R0   ;
            MOV      DPTR, #TAB
            MOVC     A, @ A + DPTR
            MOV      P1,A
            MOV      A, #11011111B  ;
            MOV      P3,A
            MOV      R3, #00H
            MOV      R0, #30H
LOOP6 :POP     PSW
            RETI
TAB:   DB 3FH,06H,5BH,4FH,66H,6DH,7DH,07H,7FH,6FH,77H,7CH,39H,5EH,79H,71H
            END
```

（三）串口通信 UART

MCS-51 内部有两个独立的接收、发送缓冲器 SBUF。SBUF 属于特殊功能寄存器。发送缓冲器只能写入不能读出，接收缓冲器只能读出不能写入，二者共用一个字节地址（99H）。串行口的结构如图 6-12 所示。

与 MCS-51 串行口有关的特殊功能寄存器有 SBUF、SCON、PCON。

1. 串行口数据缓冲器 SBUF

SBUF 是两个在物理上独立的接收、发送寄存器，一个用于存放接收到的数据，另一个用于存放欲发送的数据，可同时发送和接收数据。两个缓冲器共用一个地址 99H，通过对 SBUF 的读、写指令来区别是对接收缓冲器还是发送缓冲器进行操作。CPU 在写 SBUF 时，就是修改发送缓冲器；读 SBUF，就是读接收缓冲器的内容。接收或发送数据，是通过串行口对外的两条独立收发信号线 RXD（P3.0）、TXD（P3.1）来实现的，因此可以同时发送、接收数据，其工作方式为全双工制式。

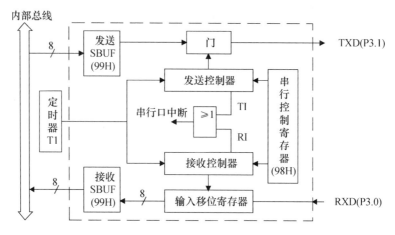

图 6-12　串口内部结构

2. 串行口控制寄存器 SCON

SCON 用来控制串行口的工作方式和状态，可以位寻址，字节地址为 98H。单片机复位时，所有位全为 0。SCON 的各位定义如表 6-5 所示。

表 6-5　SCON 的各位定义

SCON 位符号	SM0	SM1	SM2	REN	TB8	RB8	TI	RI
SCON 位地址	9FH	9EH	9DH	9CH	9BH	9AH	99H	98H

对各位的说明如下。

（1）SM0、SM1：串行方式选择位，其定义如表 6-6 所示。

表 6-6　串行方式的定义

SM0　SM1	工作方式	功能	波特率
0　0	方式 0	8 位同步移位寄存器	$f_{osc}/12$
0　1	方式 1	10 位异步收发 UART	可变
1　0	方式 2	11 位异步收发 UART	$f_{osc}/64$ 或 $_{osc}/32$
1　1	方式 3	11 位异步收发 UART	可变

（2）SM2：多机通信控制位，用于方式 2 和方式 3 中。在方式 2 和方式 3 处于接收方式时，若 SM2 = 1，且接收到的第 9 位数据 RB8 为 0 时，不激活 RI；若 SM2 = 1，且 RB8 = 1 时，则置 RI = 1。在方式 2、3 处于接收或发送方式时，若 SM2 = 0，不论接收到的第 9 位 RB8 为 0 还是为 1，TI、RI 都以正常方式被激活。在方式 1 处于接收时，若 SM2 = 1，则只有收到有效的停止位后，RI 置 1。在方式 0 中，SM2 应为 0。

（3）REN：允许串行接收位。它由软件置位或清零。REN = 1 时，允许接收；REN = 0

时，禁止接收。在实训中，由于乙机用于接收数据，因此使用位操作指令"SETB REN"，允许乙机接收。

（4）TB8：发送数据的第9位。在方式2和方式3中，由软件置位或复位，可做奇偶校验位。在多机通信中，可作为区别地址帧或数据帧的标志位，一般约定地址帧时，TB8为1；数据帧时，TB8为0。

（5）RB8：接收数据的第9位。功能同TB8。

（6）TI：发送中断标志位。在方式0中，发送完8位数据后，由硬件置位；在其他方式中，在发送停止位之初由硬件置位。因此，TI是发送完一帧数据的标志，可以用指令"JBC TI，rel"来查询是否发送结束。TI = 1时，也可向CPU申请中断，响应中断后，必须由软件清除TI。

（7）RI：接收中断标志位。在方式0中，接收完8位数据后，由硬件置位；在其他方式中，在接收停止位的中间由硬件置位。同TI一样，也可以通过"JBC RI，rel"来查询是否接收完一帧数据。RI = 1时，也可申请中断，响应中断后，必须由软件清除RI。

串行口的工作方式有以下几种。

（1）方式0。在方式0下，串行口作同步移位寄存器用，其波特率固定为$f_{osc}/12$。串行数据从RXD（P3.0）端输入或输出，同步移位脉冲由TXD（P3.1）送出。这种方式常用于扩展I/O口。

（2）方式1。收发双方都是工作在方式1下，此时，串行口为波特率可调的10位通用异步接口UART。发送或接收一帧信息，包括1位起始位0、8位数据位和1位停止位1。

发送时，数据从TXD端输出，当数据写入发送缓冲器SBUF后，启动发送器发送。当发送完一帧数据后，置中断标志TI为1。方式1所传送的波特率取决于定时器1的溢出率和PCON中的SMOD位，接收时，由REN置1，允许接收，串行口采样RXD，当采样由1到0跳变时，确认是起始位"0"，开始接收一帧数据。当RI = 0，且停止位为1或SM2 = 0时，停止位进入RB8位，同时置中断标志RI；否则信息将丢失。所以，方式1接收时，应先用软件清除RI或SM2标志。

（3）方式2。方式2下，串行口为11位UART，传送波特率与SMOD有关。发送或接收一帧数据包括1位起始位0、8位数据位，1位可编程位（用于奇偶校验）和1位停止位1。

发送时，先根据通信协议由软件设置TB8，然后用指令将要发送的数据写入SBUF，启动发送器。写SBUF的指令，除了将8位数据送入SBUF外，同时还将TB8装入发送移位寄存器的第9位，并通知发送控制器进行一次发送。一帧信息即从TXD发送，在送完一帧信息后，TI被自动置1，在发送下一帧信息之前，TI必须由中断服务程序或查询程序清0。

接收，当REN = 1时，允许串行口接收数据。数据由RXD端输入，接收11位的信息。当接收器采样到RXD端的负跳变，并判断起始位有效后，开始接收一帧信息。当接收器接收到第9位数据后，若同时满足以下两个条件：RI = 0和SM2 = 0或接收到的第9位数据为1，则接收数据有效，8位数据送入SBUF，第9位送入RB8，并置RI = 1。若不满足上述两个条件，则信息丢失。

（4）方式3。方式3为波特率可变的11位UART通信方式，除了波特率以外，方式3

和方式 2 完全相同。

当定时器 1 作波特率发生器使用时，通常是工作在方式 2，即自动重装载的 8 位定时器，此时 TL1 作计数用，自动重装载的值在 TH1 内。设计数的预置值（初始值）为 X，那么每过 $256 - X$ 个机器周期，定时器溢出一次。为了避免因溢出而产生不必要的中断，此时应禁止 T1 中断。溢出周期为 $(256 - X) \times 12/f_{osc}$。

溢出率为溢出周期的倒数，所以

$$波特率 = \frac{2^{SMOD}}{32} \times \frac{f_{osc}}{12 \times (256 - X)}$$

3. 电源及波特率选择寄存器 PCON

PCON 主要是为 CHMOS 型单片机的电源控制而设置的专用寄存器，不可以位寻址，字节地址为 87H。在 HMOS 的 8051 单片机中，PCON 除了最高位以外，其他位都是虚设的。其格式如图 6-13 所示。

	D7	D6	D5	D4	D3	D2	D1	D0
PCON	SMOD	—	—	—	GF1	GF0	PD	IDL

图 6-13 PCON 的格式

五、项目小结

（1）程序运行的结果是，B 单片机能够根据 A 单片机 20H～25H 单元的数据显示相应的内容。例如，第一次运行程序，会在 B 单片机的 6 个数码管上分别显示 0、1、2、3、4、5。这说明 A、B 之间能够进行数据的传送，即通信。

（2）从本项目的电路连接上我们看到，A、B 双方只连接了 3 根线，一根用于接收，一根用于发送，第三根为共地线。其中 RXD 为单片机系统的接收数据端，TXD 为发送数据端。显然单片机内部的数据向外传送（如从 A 单片机传送给 B 单片机）时，不可能 8 位数据同时进行，在一个时刻只可能传送一位数据（例如，从 A 单片机的发送端 TXD 传送一位数据到 B 单片机的接收端 RXD），8 位数据依次在一根数据线上传送，这种通信方式称为串行通信。它与普通的数据传送不同，例如通过 P0 口传送数据时，就是 8 位数据同时进行的，这种通信方式称为并行通信。

（3）分析程序可以看出，通信双方都有对单片机定时器的编程（注意发送、接收程序的前 4 条指令），而且双方对定时器的编程完全相同。这说明 MCS-51 单片机在进行串行通信时，是与定时器的工作有关的。定时器用来设定串行通信数据的传输速度。在串行通信中，传输速度是用波特率来表征的。

思考与练习

1. 在收发程序中都用到了 SCON、SBUF，这两个寄存器的地址是什么？其作用如何？

2. 在 A 单片机的发送程序中，有这样一条指令 "JBC TI，rel"，该指令完成什么功能？TI 位的作用是什么？

3. 在 B 单片机的接收程序中，有这样一条指令 "JBC RI，rel"，RI 位的作用是什么？

4. 试在 A 单片机上添加按键输入通信数据的功能，即 A 单片机发送键盘输入的键号，B 单片机接收键号并在最右边的 LED 上以十六进制的形式显示出来。

5. 动态数码管显示中刷新时间如何规定？

6. 串口通信方式 2 的波特率如何设定？

项目七　LCD 数据显示系统

一、项目目标

1. 掌握 LCD 显示基本原理和 LCD 控制方法。
2. 掌握 LCD 显示与单片机的接口电路，软件设计方法。
3. 设计单片机与液晶模块的连接电路，在液晶显示模块 LCD162 上显示字符消息。

二、项目设计

（一）硬件设计

液晶显示器常用于电子设备产品中，最常见的有计算器、电子表、数字万用表、电子游戏机等，显示的主要是数字、专用符号和固定图形，因为是属段式显示，显示内容就无法多变。随着大量电子仪器、设备的多功能化、智能化，并且普遍地采用人机交互方式，需要能够显示更为丰富的信息和通用性较强的显示器；而点阵式 LCD 显示器能够满足这些要求，同时用大规模专用集成电路作为点阵 LCD 控制驱动，使用者仅仅直接送入数据和指令就可实现所需的显示。这种由 LCD 板、PCB 板、控制驱动电路组成的单元称为点阵液晶显示模块。

液晶显示与控制常常被封装成功能统一的模块，利于使用者开发和利用，本项目介绍典型液晶模块 LCD162 的接口标准、指令系统和使用方法，其中 162 是指 2 行 16 位的字符模块。MCS-51 单片机与 LCD162 连接的系统原理图如图 7-1 所示。

图 7-1 以 89C51 的 P1 和 P3 接口作为并行接口与字符型液晶显示模块连接的实用接口电路。图中电位器为 V0 口提供可调的驱动电压，用以实现显示对比度的调节。在写操作时，使能信号 E 的下降沿有效，在软件设置顺序上，先设置 RS、R/$\overline{\text{W}}$ 状态，再设置数据，然后产生 E 信号的脉冲，最后复位 RS 和 R/$\overline{\text{W}}$ 状态。在读操作时，使能信号 E 的高电平有效，所以在软件设置顺序上，先设置 RS 和 R/$\overline{\text{W}}$ 状态，再设置 E 信号为高，这时从数据口读取数据，然后将 E 信号置低，最后复位 RS 和 R/$\overline{\text{W}}$ 状态。此控制方式通过软件执行产生操作时序，所以在时间上是足够满足要求的。因此此控制方式能够实现高速计算机与字符型液晶显示模块的连接。

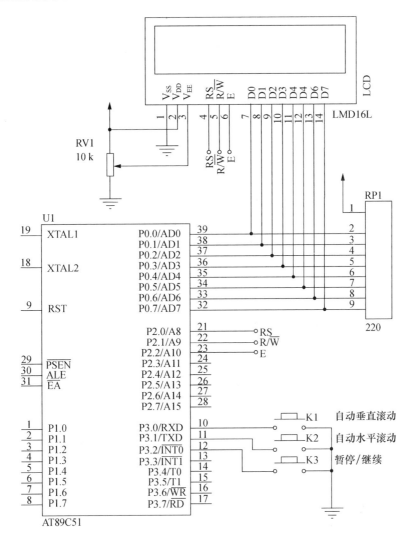

图 7-1　MCS-51 单片机与 LCD162 连接示意图

（二）程序设计

1. 流程图

基于图 7-1 的硬件连接，可以实现液晶的任意字符的显示，程序设计采用模块化程序方式，如图 7-2 所示。具体程序功能介绍如下。

（1）主程序：完成初始化显示缓冲区，调用各子程序实现液晶显示器初始化、设置液晶控制字、显示字符内容等。

（2）初始化子程序：用软件复位的方法设置液晶显示输入方式、光标移位方向、显示位置、字符显示点阵大小等内容。

（3）写指令代码子程序：完成向液晶指令寄存器中写入一个控制命令。

（4）写显示数据子程序：完成向液晶数据显示区中写入显示字符。

（5）读 LCD 状态程序：读入状态字，判断 LCD 忙、闲。

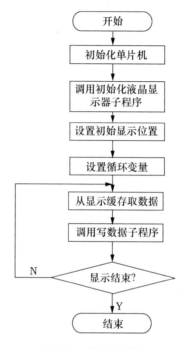

图 7-2　软件流程图

2. 源程序

```
#include < reg52.h >
#include < string.h >
#define uchar unsigned char
#define uint unsigned int
void Initialize_LCD();
void ShowString(uchar,uchar,uchar * );
sbit K1 = P3^0;
sbit K2 = P3^1;
sbit K3 = P3^2;
uchar code Prompt[] = "PRESS K1--K4 TO START DEMO PROG";
uchar const Line_Count = 6;
uchar code Msg[][80] =
{
    "Many CAD users dismiss",
    "process of creating PCB",
    "of view.with PCB layout",
    "placement and track routing,",
    "can often be the most time",
    "And if you use circuit simulation",
    "you are going to spend even more"
};
```

```
uchar Disp_Buffer[32];
void Delayxms(uint ms)
{
   uchari;
   while(ms --)
   {
      for(i = 0;i < 120;i ++);
   }
}

voidV_Scroll_Display()
{
 uchar i,j,k = 0;
 uchar * p = Msg[0];
 uchar * q = Msg[Line_Count] + strlen(Msg[Line_Count]);
 while(p < q)
 {
    for(i = 0;(i < 16)&&(p < q);i ++)
    {
       if(((i = = 0) | | (i = =15))&& * p = = " )
          p ++;
       if(* p! = ' \ 0')
       {
          Disp_Buffer[i] = * p ++;
       }
       else
       {
          if(++k > Line_Count)
               break;
          p = Msg[k];
          Disp_Buffer[i] = * p ++;
       }
    }
    for(j = i;j < 16;j ++)
        Disp_Buffer[j] = ";
    while(F0)
        Delayxms(5);
    ShowString(0,0,"        ");
    Delayxms(150);
    while(F0)
        Delayxms(5);
    ShowString(0,1,Disp_Buffer);
    Delayxms(150);
    while(F0)
        Delayxms(5);
    ShowString(0,0,Disp_Buffer);
    ShowString(0,1,"        ");
    Delayxms(150);
 }
 ShowString(0,0,"        ");
 ShowString(0,1,"        ");
}
```

```
voidH_Scroll_Display()
{
    ucharm,n,t =0,L =0;
    uchar * p = Msg[0];
    uchar * q = Msg[Line_Count] + strlen(Msg[Line_Count]);
    for(m =0;m <16;m ++)
            Disp_Buffer[m] ='';
    while(p <q)
    {
        if((m =16 | | m = = 31)&& * p = ='')
            p ++;
        for(m =16;m <32&&p <q;m ++)
        {
            if(* p! =' \0')
            {
                Disp_Buffer[m] = * p ++;
            }
            else
            {
                if( ++t >Line_Count)
                    break;
                p =Msg[t];
                Disp_Buffer[m] = * p ++;
            }
        }
        for(n =m;n <32;n ++)
            Disp_Buffer[n] =";
        for(m =0;m < =16;m ++)
        {
            while(F0)
                Delayxms(5);
            ShowString(0,L,Disp_Buffer +1);
            while(F0)
                Delayxms(5);
            Delayxms(20);
        }
        L =(L = =0)?1 :0;
        Delayxms(200);
    }
    if(L = =1)
        ShowString(0,1,"        ");
}

void EX_INT0()interrupt 0
{
    F0 = !F0;
}

void main()
{
    uint Count =0;
    IE =0x81;
```

```
ITO =1;
FO  =0;
Initialize_LCD();
ShowString(0,0,Prompt);
ShowString(0,1,Prompt +16);
while(1)
{
    if(K1 = =0)
    {
        V_Scroll_Display();
        Delayxms(200);
    }
    elseif(K2 = =0)
    {
        H_Scroll_Display();
        Delayxms(200);
    }
}
}
```

三、相关知识

（一）LCD 介绍

LCD 液晶显示器是 Liquid Crystal Display 的简称，LCD 的构造是在两片平行的玻璃当中放置液态的晶体，两片玻璃中间有许多垂直和水平的细小电线，透过通电与否来控制杆状水晶分子改变方向，将光线折射出来产生画面。比 CRT 要好得多，但是价钱较贵。LCD 液晶投影机是液晶显示技术和投影技术相结合的产物，它利用了液晶的电光效应，通过电路控制液晶单元的透射率及反射率，从而产生不同灰度层次及多达 1670 万种色彩的靓丽图像。LCD 投影机的主要成像器件是液晶板。LCD 投影机的体积取决于液晶板的大小，液晶板越小，投影机的体积也就越小。

根据电光效应，液晶材料可分为活性液晶和非活性液晶两类，其中活性液晶具有较高的透光性和可控制性。液晶板使用的是活性液晶，人们可通过相关控制系统来控制液晶板的亮度和颜色。与液晶显示器相同，LCD 投影机采用的是扭曲向列型液晶。LCD 投影机的光源是专用大功率灯泡，发光能量远远高于利用荧光发光的 CRT 投影机，所以 LCD 投影机的亮度和色彩饱和度都高于 CRT 投影机。LCD 投影机的像元是液晶板上的液晶单元，液晶板一旦选定，分辨率就基本确定了，所以 LCD 投影机调节分辨率的功能要比 CRT 投影机差。

LCD 投影机按内部液晶板的片数可分为单片式和三片式两种，现代液晶投影机大都采用三片式 LCD 板。三片式 LCD 投影机是用红、绿、蓝三块液晶板分别作为红、绿、蓝三色光的控制层。光源发射出来的白色光经过镜头组后会聚到分色镜组，红色光首先被分离出来，投射到红色液晶板上，液晶板"记录"下的以透明度表示的图像信息被投射生成了图像中的红色光信息。绿色光被投射到绿色液晶板上，形成图像中的绿色光信息，同样蓝色光经蓝色液晶板后生成图像中的蓝色光信息，三种颜色的光在棱镜中会聚，由投影镜头投射到投影幕上形成一幅全彩色图像。三片式 LCD 投影机比单片式 LCD 投影机具有更高的图像质量和更高的亮度。LCD 投影机体积较小、重量较轻，制造工艺较简单，亮度和对比度较高，分辨率适中，现在 LCD 投影机占有的市场份额约占总体市场份额的 70% 以上，是目前市场上占有率最高、应用最广泛的投影机。

液晶显示器按照控制方式不同可分为被动矩阵式 LCD 与主动矩阵式 LCD 两种。段码式显示和点阵式显示。段码是最早最普通的显示方式，如计算器、电子表等。自从有了 MP3，就开发了点阵式，如 MP3、手机屏、数码相框这些高档消费品。

（二）LCD162 介绍

单片机组合教具的 LCD162 模块共有 16 个可以连接的引脚有 8 条数据线，三条控制线。可与微处理器或微控制器相连，通过送入数据和指令，就可使模块正常工作，引脚排列与功能如表 7-1 所示。单片机与 LCD 模块之间有四种基本操作：写命令、读状态、写显示数据、读显示数据。四种基本操作如表 7-2 所示。指令系统，共有 11 种指令，如表 7-3 所示。

显示位和标准字符库：从液晶模块显示原理可知，液晶上显示的内容对应在 DDRAM 相应的地址中，显示位与 DDRAM 地址的对应关系如表 7-4 所示。

标准字符库为 ASCII 码。例如，"A"的字形码为 41（HEX），"1"的字符码为 30（HEX）。

表 7-1　引脚排列与功能表

引　　线	符　　号	名　　称	功　　能
1	V_{SS}	接地	0V
2	V_{DD}	电路电源	5V ± 10%
3	V_{EE}	液晶驱动电压	见图 7-1
4	RS	寄存器选择信号	H：数据寄存器 L：指令寄存器
5	$R/\overline{W}$	读/写信号	H：读 L：写
6	E	片选信号	下降沿触发
7～14	D0～D7	数据线	数据传输
15	A	背光控制正电源	
16	K	背光控制地	

表 7-2　四种基本操作表

RS	R/$\overline{W}$	操 作
0	0	写命令操作（初始化、光标定位等）
0	1	读状态操作（读忙标志）
1	0	写数据操作（要显示的内容）
1	1	读数据操作（把显示存储区中的数据反读出来）

表 7-3　HD447800 指令表

指令名称	控制信号		控制代码							
	RS	R/$\overline{W}$	D7	D6	D5	D4	D3	D2	D1	D0
清屏	0	0	0	0	0	0	0	0	0	1
归 home 位	0	0	0	0	0	0	0	0	1	*
输入方式设置	0	0	0	0	0	0	0	1	I/D	S
显示状态设置	0	0	0	0	0	0	1	D	C	B
光标画面滚动	0	0	0	0	0	1	S/C	R/L	*	*
工作方式设置	0	0	0	0	1	DL	N	F	*	*
CGRAM 地址设置	0	0	0	1	A5	A4	A3	A2	A1	A0
DDRAM 地址设置	0	0	1	A6	A5	A4	A3	A2	A1	A0
读 BF 和 AC	0	1	BF	AC6	AC5	AC4	AC3	AC2	AC1	AC0
写数据	1	0	数 据							
读数据	1	1	数 据							

注："＊"表示任意值，在实际应用时一般认为是"0"。

表 7-4　显示位与 DDRAM 地址对应关系表

显示位序号		1	2	3	4	5	…16…64
DDRAM 地址（HEX）	第一行	00	01	02	03	04	…0F…3F
	第二行	40	41	42	43	44	…4F…7F

四、项目小结

　　本项目主要介绍了电子设备产品（常见的有计算器、电子表、数字万用表、电子游戏机）中常用的液晶显示器 LCD162 与 MCS-51 单片机接口应用技术。要求掌握硬件电路和编程控制技术及数据显示方法。

思考与练习

1. 请总结 LCD 的分类、结构、特点及应用。

2. 请修改源程序，显示自己的姓名和年龄。

3. 如要在 162 液晶模块的第二行开始显示内容，如何初始化？

4. 请编程显示秒表和时钟。

项目八　电子钟

一、项目目标

1. 掌握 LCD 显示技术及其应用。
2. 掌握独立按键技术、按键消抖技术及其应用。
3. 学会电子钟的开发方法。

二、项目设计

（一）功能设计

（1）开机时，显示 12：00：00 的时间开始计时。

（2）P0.0/AD0 控制"秒"的调整，每按一次加 1 秒。

（3）P0.1/AD1 控制"分"的调整，每按一次加 1 分。

（4）P0.2/AD2 控制"时"的调整，每按一次加 1 个小时。

（二）系统硬件原理图

电子时钟电路原理图如图 8-1 所示。

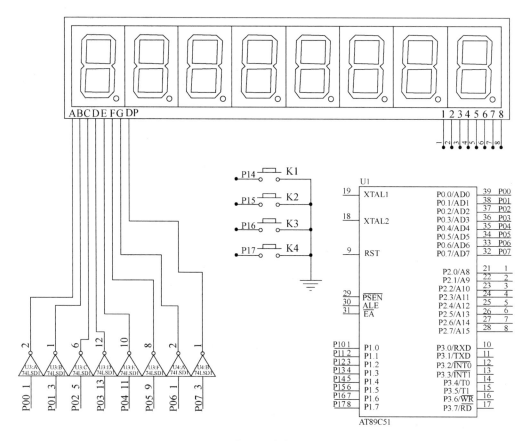

图 8-1　电子时钟电路原理图

（三）程序设计

C 源程序如下：

```
#include <AT89X52.H>
#include <stdio.h>
#define uchar unsigned char
#define uint  unsigned int
#define weiout P2
#define duanout P0
uchar wait1 =80;
uchar wait2 =160;
uchar code duan[] ={0xC0,0xF9,0xA4,0xB0,0x99,0x92,0x82,0xF8,0x80,0x90,};
uchar code wei[] ={0x7f,0xbf,0xdf,0xef,0xf7,0xfb,0xfd,0xfe};
uchar hour =5,min =22,sec =16,first =0;
uchar hour1 =6,min1 =6;
uchar observer =0;
uchar dodge1 =0,dodge2 =0,dodge3 =0,dodge4 =0,dodge5 =0;
void music()
{   P3_7 =0;
}
```

```
void off()
{ weiout =0xff;
    duanout =0xff;
}
void delay1()//显示延时一
{ unsigned char j;
    for(j =255;j >0;j - -);
}
void delay2()//显示延时二
{ delay1();
    delay1();
}
void delay3()//键盘扫描延时
{ unsigned int jj;
    for(jj =10000;jj >0;jj - -);
}
void Timer0()interrupt 1
{   TH0 =0x3c;
TL0 =0xb0;
first ++;
if(first = =20)
{   first =0;
    sec ++;
    if(sec = =60)
    {
        sec =0;
        min ++;
        if(hour = =hour1)//闹钟
        {
            if(min = =min1)
            {
                music();
            }
        }
        if(min = =60)
        {
            min =0;
            hour ++;
            if(hour = =24)
            hour =0;
        }
    }
}
}
void hourdisplay()//小时显示
{ weiout =wei[7];
    duanout =duan[hour /10];
    delay1();
    off();
    weiout =wei[6];
    duanout =duan[hour% 10];
    delay1();
```

```
    off();
}
void mindisplay()//分显示
{   weiout=wei[4];
    duanout=duan[min/10];
    delay1();
    off();
    weiout=wei[3];
    duanout=duan[min%10];
    delay1();
    off();
}
void secdisplay()//秒显示
{   weiout=wei[1];
    duanout=duan[sec/10];
    delay1();
    off();
    weiout=wei[0];
    duanout=duan[sec%10];
    delay1();
    off();

}


void displayperverse()//显示第一个'—'
{   weiout=wei[5];
    duanout=0xbf;
    delay1();
    off();
}
void displayperverse2()//显示第二个'—'
{   weiout=wei[2];
    duanout=0xbf;
    delay1();
    off();
}
void sethour()//定时小时
{   weiout=wei[7];
    duanout=duan[hour1/10];
    delay1();
    off();
    weiout=wei[6];
    duanout=duan[hour1%10];
    delay1();
    off();
}
void setmin()//定时分钟
{   weiout=wei[4];
    duanout=duan[min1/10];
    delay1();
    off();
    weiout=wei[3];
```

```
    duanout = duan[min1% 10];
    delay1();
    off();
}

void display1()//显示
{   if(observer = =1)//调小时
    {   if(dodge1 <wait1)
        {   dodge1 ++;
            hourdisplay();
        }
        else
        {   dodge1 ++;
            delay2();
            if(dodge1 >wait2)
            dodge1 =0;
        }
    }
    else
    hourdisplay();
    displayperverse();//'一'
    if(observer = =2)//分钟显示
    {   if(dodge2 <wait1)
        {   dodge2 ++;
            mindisplay();
        }
        else
        {   dodge2 ++;
            delay2();
            if(dodge2 >wait2)
            dodge2 =0;
        }
    }
    else
    mindisplay();
    displayperverse2();//'一'
    if(observer = =3)//秒显示
    {   if(dodge3 <wait1)
        {   dodge3 ++;
            secdisplay();
        }
        else
        {   dodge3 ++;
            if(dodge3 >wait2)
            dodge3 =0;
            delay2();
        }
    }
    else
    secdisplay();
}
void display2()//定时时间显示
```

```
{   if(observer = =4)//定时小时显示
    {   if(dodge5 <wait1)
        {
            dodge5 ++;
            sethour();
        }
        else
        {   dodge5 ++;
            if(dodge5 >wait2)
            {   dodge5 =0;
            }
            delay2();
        }
    }
    else
    {   sethour();
    }
    P2 =0xfb;//显示'一'
    P0 =wei[5];
    delay1();
    off();
    if(observer = =5)//定时分显示
    {   if(dodge4 <wait1)
        {   dodge4 ++;
            setmin();
        }
        else
        {   dodge4 ++;
            if(dodge4 >wait2)
            dodge4 =0;
            delay2();
        }
    }
    else
    {   setmin();
    }
    delay1();
    delay2();
}
void display()
{   if(observer <4)
    {
        display1();
    }
    else
    {   display2();
    }
}
void p16()//按p16
{   observer ++;
    while(P1_1 = =0)
    {   P3_7 =0;
```

```
    }
    P3_7 =1;
    if(observer = =6)
    observer =0;
}
void p15()//按 p15
{   if(observer = =1)
    {   hour ++;
        if(hour = =24)
        hour =0;
    }
    if(observer = =2)
    {   min ++;
        if(min = =60)
        min =0;
    }
    if(observer = =3)
    {   sec =0;
    }
    if(observer = =4)
    {   hour1 ++;
        {   if(hour1 = =24)
            hour1 =0;
        }
    }
    if(observer = =5)
    {   min1 ++;
        if(min1 = =60)
        min1 =0;
    }
    while(P1_2 = =0)
    {   P3_7 =0;
    }
    P3_7 =1;
}
void p14()//按 p14
{   if(observer = =1)
    {   hour - -;
        if(hour = =0)
        hour =23;
    }
    if(observer = =2)
    {   min - -;
        if(min = =0)
        min =59;
    }
    if(observer = =3)
    sec =0;
    if(observer = =4)
    {   hour1 - -;
        if(hour1 = =0)
        hour1 =23;
```

```
        }
    if(observer = =5)
    {   min1 - - ;
        if(min1 = =0)
        min1 =59;
    }
    while(P1_3 = =0)
    {   P3_7 =0;
    }
    P3_7 =1;

}
void keyscan()
{   if(P1_1 = =0)
    {   delay3();
        if(P1_1 = =0)
        p16();
    }
    else if(P1_2 = =0)
    {   delay3();
        if(P1_2 = =0)
        p15();
    }
    else if(P1_3 = =0)
    {   delay3();
        if(P1_3 = =0)
        p14();
    }
}
void main()//主程序
{   TMOD =0x01;
    TH0 =0x3c;
    TL0 =0xb0;
    EA =1;
    ET0 =1;
    TR0 =1;
    while(1)
    {   keyscan();
        display();
    }
}
```

三、项目实施

（1）系统 Proteus 仿真。

（2）硬件系统组装与调试。

（3）软件调试。

四、相关知识

独立按键及其设计

1. 按键开关抖动问题

按键电路的连接及其抖动波形，如图 8-2 所示。

按键未按下时，A 点的电平位 +5 V；按下时，A 点的电平为低电平。

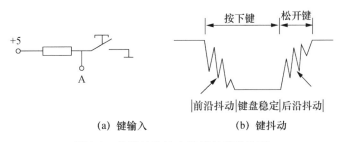

(a) 键输入　　　　　　(b) 键抖动

图 8-2　按键的连接电路及其抖动波形

由于按键是机械的弹性开关，在按下和断开时，触点在闭合和断开时，会引起 A 点电位的不稳定，一般有 5～10 ms 的抖动，导致误信号，使 CPU 产生错误的处理。消除按键抖动的方法有以下两种。

（1）硬件去抖动。常用双稳态电路、单稳态电路和 RC 积分电路三种方法，硬件消除按键抖动如图 8-3 所示。

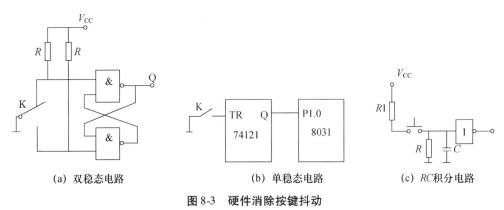

(a) 双稳态电路　　　　　(b) 单稳态电路　　　　　(c) RC 积分电路

图 8-3　硬件消除按键抖动

（2）软件去抖动。在首次检测到按键按下后，先执行一段延时子程序，一般为 10ms 延时，由程序确认按键是否按下，达到去抖动的目的。

2. 独立式按键及其接口

独立式按键：每个按键占用一根 I/O 线，相互之间没有影响。

图 8-4 为 3 个按键与 8031 的连接电路, 按键扫描子程序流程图如 8-5 所示。

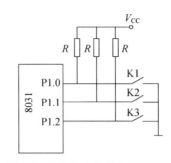

图 8-4　3 个独立按键电路示意图

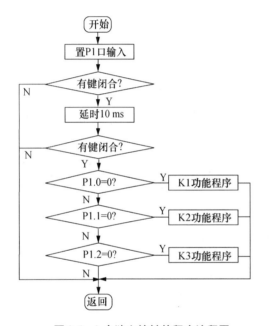

图 8-5　3 个独立按键的程序流程图

3 个独立按键的程序如下:

```
KEY:MOV P1,#07H
    MOV  A,P1
    CPL  A
    ANL  A,#07H
    JZ   GRET
    JB   ACC.0,KEY1
    JB   ACC.1,KEY2
    JB   ACC.2,KEY3
GRET:RET
KEY1:LCALL  WORK1
KEY2:LCALL  WORK2
KEY3:LCALL  WORK3
     RET
```

五、项目小结

本项目主要以电子钟为代表介绍了独立按键和 LCD 显示技术的应用。独立按键和数码管都是单片机开发中的重要技术, 是单片机接口技术的重点内容。

▼ 思考与练习

1. 独立按键如何消除按键抖动?
2. 独立按键有哪几种实现方法?
3. 数码管的静态显示接口需要注意哪些事项?

项目九 温度测控系统

一、项目目标

1. 掌握单线数字温度传感器 DS18B20 的测量原理、特性以及在温度测量中的硬件和软件设计。
2. 掌握运用开发系统调试温控系统应用程序的基本方法。
3. 掌握串行通信接口扩展数码管显示的技术。
4. 掌握矩阵键盘的接口技术。

二、项目设计

（一）功能说明

用 MCS-51 单片机设计一个温控系统。要求具有对环境温度进行实时测量，两位 LED 数码管显示测量的实时温度，可以设定最高限报警温度值和最低限报警温度值。当外界温度高于设定最高温度时，启动风扇降温；当外界温度低于指定最低温度时，将发出报警声，并点亮报警指示灯。

用 K₁、K₂ 键作为温度最高限、最低限的设定功能键；K₃、K₄ 键作为温度值设定的增加和减小功能键。

K₁ 键：作为最高限温度的设定功能键。按一次进入最高限温度设定状态，选择最高限温度值后，再按一次确认设定完成。

K₂ 键：作为最低限温度的设定功能键。按一次进入最低限温度设定状态，选择最低限温度值后，再按一次确认设定完成。

K₃ 键：+1 功能键，每按一次将温度值加 1，范围从 1～99℃。

K₄ 键：−1 功能键，每按一次将温度值减 1，范围从 99～1℃。

（二）系统硬件设计

系统硬件原理图如图 9-1 所示。

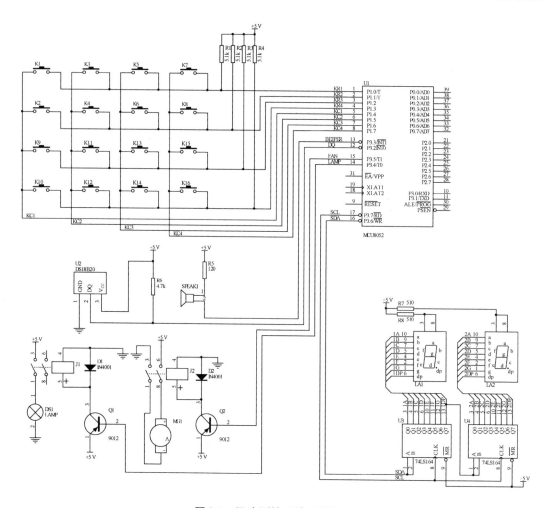

图 9-1　温度测控系统硬件原理图

系统连接说明如表 9-1 所示。

表 9-1　系统连接说明

	A01	A05	A08	A11	A12
连接 1	+5V/GND	+5V/GND	+5V/GND	+5V/GND	+5V/GND
连接 2	P3.6	SDA			
连接 3	P3.7	SCL			
连接 4	P1.0～P1.3		KR1～KR4		
连接 5	P1.4～P1.7		KC1～KC4		
连接 6	P3.2			DQ	
连接 7	P3.3				BEEPER
连接 8	P3.4				LAMP
连接 9	P3.5				FAN

（三）系统软件设计

1. 程序流程图

主程序流程图如图 9-2 所示。DS18B20 初始化程序流程图如图 9-3 所示。DS18B20 写入程序流程图如图 9-4 所示。DS18B20 读取程序流程图如图 9-5 所示。

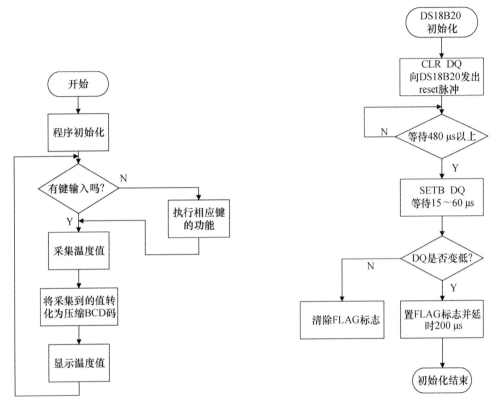

图 9-2　主程序流程图　　　　　　　　图 9-3　DS18B20 初始化程序流程图

2. 源程序

```
BANK0_REG EQU  00H              ;选择第 0 组寄存器
    BANK1_REG  EQU  08H         ;选择第 1 组寄存器
    BANK2_REG  EQU  10H         ;选择第 2 组寄存器
    BANK3_REG  EQU  18H         ;选择第 3 组寄存器
    LED_MAX_BITS EQU  02H       ;LED 最大位数
;------------------------------------------------------------
;键盘按键值的定义
    K1    EQU    01H
    K2    EQU    02H
    K3    EQU    03H
    K4    EQU    04H
```

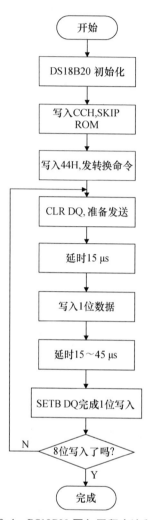

图 9-4　DS18B20 写入子程序流程图

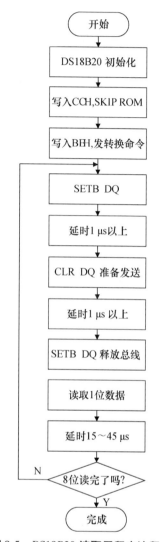

图 9-5　DS18B20 读取子程序流程图

```
K5          EQU     05H
K6          EQU     06H
K7          EQU     07H
K8          EQU     08H
K9          EQU     09H
K10         EQU     0AH
K11         EQU     0BH
K12         EQU     0CH
K13         EQU     0DH
K14         EQU     0EH
K15         EQU     0FH
K16         EQU     10H

KEY_ROWS    EQU     4               ;键盘行数
KEY_COLS    EQU     4               ;键盘列数
KEY_ROW_MASK    EQU     0FH         ;行值屏蔽码
```

```
;-----------------------------------------------------------------
    E18B20_FLAG    EQU   00H
    KEY_HMK_FLAG       EQU   01H    ;K1 键按下标志
    KEY_LMK_FLAG   EQU   02H        ;K2 键按下标志
    HIG_MK_FLAG    EQU   03H        ;进入 HIG_TEMP 设定标志
    LOW_MK_FLAG    EQU   04H        ;进入 LOW_TEMP 设定标志


    KEY_ROW     EQU   27H
    KEY_COL     EQU   28H
    HIG_TMP     EQU   29H           ;设定的最高温度值
    LOW_TMP     EQU   2AH           ;设定的最低温度值
    NUB_VAL     EQU   2BH           ;加 1,减 1 的暂存值
    TEMPER_L  EQU   2CH
    TEMPER_H  EQU   2DH
    TEMPER_NUM  EQU   2EH
    LED_DIS_BUF EQU   2FH
;-----------------------------------------------------------------
    HD_DQ       EQU  P3.2
    HD_BEEPER   EQU  P3.3
    HD_LAMP        EQU      P3.4
    HD_FAN      EQU  P3.5
    LED_SDA        EQU      P3.6
    LED_SCL        EQU      P3.7
;-----------------------------------------------------------------
    ORG    0000H
    LJMP   START
    ORG    0100H
START:
    CLR    EA
    MOV    PSW,#BANK0_REG
    MOV    SP,#0DFH
    MOV    R0,#20H
    MOV    R7,#80H-20H
    LCALL  PUB_CLEAR_RAM1  ;清 0 RAM 单元
    MOV    HIG_TMP,#40
    MOV    LOW_TMP,#20
    LCALL  LED_CLR_FULL
    LCALL  LED_DISP_DATA


    SETB   HD_DQ
    SETB   HD_FAN
DEAL_START:
    LCALL  KEY_SCAN
;-----------------------------------------------------------------
DEAL_K1:
    CJNE   A,#K1,DEAL_K2
    JB  KEY_HMK_FLAG,DEAL_END    ;K1 是否已经执行过
    SETB   KEY_HMK_FLAGDW           ;没有,则设置已经执行过标志
    JB  HIG_MK_FLAG,DEAL_K1_A    ;是进入设置还是退出设置
    SETB   HIG_MK_FLAG
    MOV    NUB_VAL,HIG_TMP
    LJMP   DEAL_END
```

```
DEAL_K1_A:
        CLR     HIG_MK_FLAG
        MOV     HIG_TMP,NUB_VAL
        MOV     NUB_VAL,#0
        LJMP    DEAL_END
;-------------------------------------------------------------------------
DEAL_K2:
        CJNE    A,#K2,DEAL_K3
        JB  KEY_LMK_FLAG,DEAL_END      ;K2 是否已经执行过?
        SETB    KEY_LMK_FLAG            ;没有,则设置已经执行过标志
        JB  LOW_MK_FLAG,DEAL_K2_A       ;是进入设置还是退出设置?
        SETB    LOW_MK_FLAG
        MOV     NUB_VAL,LOW_TMP
        LJMP    DEAL_END
DEAL_K2_A:
        CLR     LOW_MK_FLAG
        MOV     LOW_TMP,NUB_VAL
        MOV     NUB_VAL,#0
        LJMP    DEAL_END
;-------------------------------------------------------------------------
DEAL_K3:
        CJNE    A,#K3,DEAL_K4
        JB  LOW_MK_FLAG,DEAL_K3_A
        JB  HIG_MK_FLAG,DEAL_K3_A
        LJMP    DEAL_END
DEAL_K3_A:
        MOV     A,NUB_VAL
        CJNE    A,#99,DEAL_K3_B
        MOV     A,#0FFH
DEAL_K3_B:
        INC  A
        MOV     NUB_VAL,A
        LJMP    DEAL_END
;-------------------------------------------------------------------------
DEAL_K4:
        CJNE    A,#K4,DEAL_END
        JB  LOW_MK_FLAG,DEAL_K4_A
        JB  HIG_MK_FLAG,DEAL_K4_A
        LJMP    DEAL_END
DEAL_K4_A:
        MOV     A,NUB_VAL
        JNZ DEAL_K4_B
        MOV     A,#100
DEAL_K4_B:
        DEC     A
        MOV     NUB_VAL,A
;-------------------------------------------------------------------------
DEAL_END:
        LCALL   GET_TEMPER   ;采集温度值
        LCALL   TEMPER_COV   ;温度值转换
        LCALL   DISPLAY
        CLR  C
```

```
        MOV      A,TEMPER_NUM
        DEC      A
        SUBB     A,HIG_TMP
        JNC  DEAL_CASE_1
        MOV      A,TEMPER_NUM
        CLR  C
        SUBB     A,LOW_TMP
        JC  DEAL_CASE_2
        CLR  HD_DQ
        SETB     HD_FAN          ;关闭风扇
        SETB     HD_LAMP         ;关闭报警灯
        SETB     HD_BEEPER       ;关闭蜂鸣器
        LJMP     DEAL_START
DEAL_CASE_1:                     ;温度过高处理
        CLR      HD_FAN          ;启动风扇
        CLR      HD_BEEPER       ;启动蜂鸣器
        CLR      HD_LAMP         ;点亮报警灯
        LJMP     DEAL_START
DEAL_CASE_2:
        SETB  HD_FAN             ;关闭风扇
        CLR  HD_LAMP             ;点亮报警灯
        CLR  HD_BEEPER           ;启动蜂鸣器
        LJMP  DEAL_START
;-------------------------------------------------------------
;显示子程序
;-------------------------------------------------------------
DISPLAY:
        MOV  LED_DIS_BUF,NUB_VAL
        JB  HIG_MK_FLAG,DISP2
        JB  LOW_MK_FLAG,DISP2
        MOV  LED_DIS_BUF,TEMPER_NUM
DISP2:
        MOV  A,LED_DIS_BUF
        MOV  B,#10
        DIV  AB
        SWAP  A
        ORL  A,B
        MOV  LED_DIS_BUF,A
        LCALL  LED_CLR_FULL
        LCALL  LED_DISP_DATA
        RET
;-------------------------------------------------------------
;键盘扫描子程序
;键盘连接方式：P1.0-P1.3:KR1-KR4
;  P1.4-P1.7:KC1-KC4
;入口：无
;出口：A(所扫描到的逻辑键值K0-K12)
;使用：第1组寄存器
;-------------------------------------------------------------
KEY_SCAN:
        PUSH  PSW
        PUSH  DPH
```

```
        PUSH  DPL
        MOV   PSW,#BANK1_REG    ;选择使用第 1 组寄存器(0~3)
;----------------------------------------------------------------
KEY_SCAN_A:
        ANL   P1,#0FH    ;P1 口高 4 位置低,所有键的列线为低
        MOV   A,P1
        ANL   A,#KEY_ROW_MASK
        XRL   A,#KEY_ROW_MASK
        JNZ   KEY_SCAN_A1    ;快速键判断

        CLR   KEY_HMK_FLAG
        CLR   KEY_LMK_FLAG
        MOV   A,#-1
        LJMP  KEY_SCAN_END
KEY_SCAN_A1:
        MOV   KEY_COL,#0EFH
        MOV   R7,#KEY_COLS
KEY_SCAN_B:
        ORL   P1,#0F0H
        MOV   A,KEY_COL
        ANL   P1,A    ;将列逐个设置为低
        NOP
        NOP
        NOP
        MOV   A,P1    ;从低 4 位读进行值
        ANL   A,#KEY_ROW_MASK
        MOV   KEY_ROW,A
        CJNE  A,#KEY_ROW_MASK,KEY_SCAN_C
        MOV   A,KEY_COL
        RL    A
        MOV   KEY_COL,A
        DJNZ  R7,KEY_SCAN_B
        LJMP  KEY_SCAN_A
KEY_SCAN_C:
        MOV   A,P1    ;从低 4 位读进行值
        ANL   A,#KEY_ROW_MASK
        CJNE  A,#KEY_ROW_MASK,KEY_SCAN_C    ;是否键释放了
;----------------------------------------------------------------
        MOV   R3,#0    ;R3 用于计算行值
        MOV   R2,#KEY_ROWS    ;检测行值的循环次数
        MOV   A,KEY_ROW
KEY_SCAN_D1:
        RRC   A
        JNC   KEY_SCAN_D2    ;行值不为零则使行值加上 1
        INC   R3    ;计算行值
        DJNZ  R2,KEY_SCAN_D1
KEY_SCAN_D2:
        MOV   R4,#0    ;R4 用于计算列值
        MOV   R2,#KEY_COLS
        MOV   A,KEY_COL
        SWAP  A
KEY_SCAN_D3:
```

```
        RRC    A
        JNC    KEY_SCAN_D4
        INC    R4    ;计算列值
        DJNZ   R2,KEY_SCAN_D3
KEY_SCAN_D4:
        MOV    A,R3
        RL     A
        RL     A        ;列值左移 2 次
        ORL    A,R4     ;取出行值与列值相或
;----------------------------------------------------------------
        MOV    DPTR,#KEY_VAL_TAB
        MOVC   A,@ A + DPTR   ;把物理键值变成逻辑键值
KEY_SCAN_END:
        POP    DPL
        POP    DPH
        POP    PSW
        RET
;----------------------------------------------------------------
KEY_VAL_TAB:    ;键值表当需要时可更改此表实现不同的按键排列
        DB     K1
        DB     K2
        DB     K3
        DB     K4
;----------------------------------------------------------------
        DB     K5
        DB     K6
        DB     K7
        DB     K8
;----------------------------------------------------------------
        DB     K9
        DB     K10
        DB     K11
        DB     K12
;----------------------------------------------------------------
        DB     K13
        DB     K14
        DB     K15
        DB     K16
;----------------------------------------------------------------
;延时 10 ms 消除按键抖动
;----------------------------------------------------------------
KEY_READ_DELAY:
        MOV    A,#10
KEY_READ_DEY_A:
        LCALL  PUB_DELAY_1MS
        DEC    A
        JNZ    KEY_READ_DEY_A
        RET
;----------------------------------------------------------------
;延时 1ms
;----------------------------------------------------------------
PUB_DELAY_1MS:
```

```
        PUSH  ACC
        CLR   A
PD1_0:
        NOP
        INC   A
        CJNE  A,#0E4H,PD1_0          ;#E4H=228D
        POP   ACC
        RET
;--------------------------------------------------------------------
;读出转换后的温度值
;--------------------------------------------------------------------
GET_TEMPER:
        SETB  HD_DQ          ;定时入口
GET_TMP1:
        LCALL  INIT_1820      ;对18B20初始化
        JB  E18B20_FLAG,GET_TMP2
        LJMP  GET_TMP1        ;若DS18B20不存在则返回
GET_TMP2:
        LCALL  DELAY1
        MOV  A,#0CCH  ;跳过ROM匹配·············0CC
        LCALL  WRITE_1820
        MOV  A,#44H  ;发出温度转换命令
        LCALL  WRITE_1820
        NOP
        LCALL  DELAY
        LCALL  DELAY
GET_TMP3:
        LCALL  INIT_1820
        JB  E18B20_FLAG,GET_TMP4
        LJMP  GET_TMP3
GET_TMP4:
        LCALL  DELAY1
        MOV  A,#0CCH  ;跳过ROM匹配
        LCALL  WRITE_1820
        MOV  A,#0BEH  ;发出读温度命令
        LCALL  WRITE_1820
        LCALL  READ_1820  ;READ_1820
        RET
;--------------------------------------------------------------------
;将从DS18B20中读出的温度数据进行转换
;--------------------------------------------------------------------
TEMPER_COV:
        MOV  A,#0F0H
        ANL  A,TEMPER_L  ;舍去小数点后的四位温度数值
        SWAP  A
        MOV  TEMPER_NUM,A
        MOV  A,TEMPER_L
        JNB  ACC.3,TEMPER_COV1   ;四舍五入去温度值
        INC  TEMPER_NUM
TEMPER_COV1:
        MOV  A,TEMPER_H
        ANL  A,#07H
```

```
        SWAP  A
        ;ORL  A,TEMPER_NUM
        ADD   A,TEMPER_NUM
        MOV   TEMPER_NUM,A    ;保存变换后的温度数据
        RET
```

;---
;写 DS18B20 的程序
;---

```
WRITE_1820:
        MOV  R2,#8
        CLR  C
WR1:
        CLR  HD_DQ
        MOV  R3,#6
        DJNZ R3, RRC  A
        MOV  HD_DQ,C
        MOV  R3,#23
        DJNZ R3, SETB  HD_DQ
        NOP
        DJNZ R2,WR1
        SETB HD_DQ
        RET
```

;---
;读 DS18B20 的程序,从 DS18B20 中读出两个字节的温度数据
;---

```
READ_1820:
        MOV  R4,#2    ;将从 DS18B20 中读出
        MOV  R1,#TEMPER_L    ;低位存入(TEMPER_L)
RE00:
        MOV  R2,#8
RE01:
        CLR  C
        SETB HD_DQ
        NOP
        NOP
        CLR  HD_DQ
        NOP
        NOP
        NOP
        SETB HD_DQ
        MOV  R3,#7
        DJNZ R3, MOV  C,HD_DQ
        MOV  R3,#23
        DJNZ R3, RRC  A
        DJNZ R2,RE01
        MOV  @R1,A
        INC  R1
        DJNZ R4,RE00
        RET
```

;---
;DS18B20 初始化程序
;---

```
INIT_1820:
        SETB  HD_DQ
        NOP
        CLR   HD_DQ
        MOV   R0,#80H
TSR1:
        DJNZ  VR0,TSR1   ;延时
        SETB  HD_DQ
        MOV   R0,#25H   ;96US-25H
TSR2:
        DJNZ  R0,TSR2
        JNB   HD_DQ,TSR3
        LJMP  TSR4   ;延时
TSR3:
        SETB  E18B20_FLAG   ;置标志位,表示 DS1820 存在
        LJMP  TSR5
TSR4:
        CLR   E18B20_FLAG   ;清标志位,表示 DS1820 不存在
        LJMP  TSR7
TSR5:
        MOV   R0,#06BH   ;200US
TSR6:
        DJNZ  R0,TSR6   ;延时
TSR7:
        SETB  HD_DQ
        RET
;------------------------------------------------------------------
;重新写 DS18B20 暂存存储器设定值
;------------------------------------------------------------------
RE_CONFIG:
        JB  E18B20_FLAG,RE_CONFIG1   ;若 DS18B20 存在,转 RE_CONFIG1
        RET
RE_CONFIG1:
        MOV   A,#0CCH   ;发 SKIP ROM 命令
        LCALL WRITE_1820
        MOV   A,#4EH   ;发写暂存存储器命令
        LCALL WRITE_1820
        MOV   A,#00H   ;TH(报警上限)中写入 00H
        LCALL WRITE_1820
        MOV   A,#00H   ;TL(报警下限)中写入 00H
        LCALL WRITE_1820
        MOV   A,#7FH   ;选择 12 位温度分辨率
        LCALL WRITE_1820
        RET
;------------------------------------------------------------------
;延时子程序
;------------------------------------------------------------------
DELAY:
        MOV   R7,#00H
MIN:
        DJNZ  R7,YS500
        RET
```

```
YS500:
        LCALL YS500US
        LJMP  MIN
YS500US:
        MOV   R6,#00H
        DJNZ  R6,  RET
DELAY1:
        MOV   R7,#20H
        DJNZ  R7,  RET
```
;---
;发送一字节数据
;入口:ACC
;---
```
LED_DISP_BYTE:
        PUSH  ACC
        CLR   LED_SCL
        MOV   R7,#8
LED_DISP_BYTE1:
        RLC   A
        MOV   LED_SDA,C
        NOP
        NOP
        SETB  LED_SCL
        NOP
        NOP
        CLR   LED_SCL
        DJNZ  R7,LED_DISP_BYTE1
        POP   ACC
        RET
```
;---
;发送 LED_MAX_BIT 字节
;入口:LED_DIS_BUF:起始地址
;---
```
LED_DISP_DATA:
        PUSH  PSW
        PUSH  ACC
        PUSH  DPH
        PUSH  DPL
        MOV   PSW,#BANK2_REG
        MOV   A,#LED_DIS_BUF
        ADD   A,#LED_MAX_BITS/2-1
        MOV   R0,A
        MOV   R6,#LED_MAX_BITS/2
        MOV   DPTR,#DIS_TAB
LED_DISP_DATA_A:
        MOV   A,@R0
        ANL   A,#0FH
        MOVC  A,@A+DPTR
        LCALL LED_DISP_BYTE
        MOV   A,@R0
        SWAP  A
        ANL   A,#0FH
```

```
        MOVC   A,@ A + DPTR
        LCALL  LED_DISP_BYTE
        DEC    R0
        DJNZ   R6,LED_DISP_DATA_A
        POP    DPL
        POP    DPH
        POP    ACC
        POP    PSW
        RET
```

;--
;清除 LED 上的显示内容
;--

```
LED_CLR_FULL:
        PUSH   PSW
        PUSH   ACC
        PUSH   DPH
        PUSH   DPL
        MOV    PSW,#BANK2_REG
        MOV    R6,#6
LED_CLR_A:
        MOV    A,#0FFH
        LCALL  LED_DISP_BYTE
        DJNZ   R6,LED_CLR_A
        POP    DPL
        POP    DPH
        POP    ACC
        POP    PSW
        RET
```

;--

```
DIS_TAB:   ;字形表
        DB  0C0H,0F9H,0A4H,0B0H,99H,92H,82H,0F8H,80H,90H,88H,83H,0C6H,0A1H,
86H,8EH,0FFH   ;共阳极 LED
NOP9:
        NOP
        NOP
        NOP
        NOP
        NOP
        NOP
        NOP
        RET
```

;--
;清除指定的 RAM 单元
;入口： R0:源地址(前 256B)R7:长度
;--

```
PUB_CLEAR_RAM1:
        CJNE   R7,#0,PUB_CLEAR_RAM1_1
        SJMP   PUB_CLEAR_RAM1_E
PUB_CLEAR_RAM1_1:
        MOV    @ R0,#0
        INC    R0
        DJNZ   R7,PUB_CLEAR_RAM1_1
```

```
PUB_CLEAR_RAM1_E:
     RET
     END
```

三、项目实施

（1）输入程序并检查无误，对程序进行汇编、调试，然后烧写程序到89C51。

（2）连接 A01、A05、A08、A11 和 A12 相应的引脚。

（3）运行程序，通过 K1 键设定最高限温度稍低于当前温度，则应启动风扇降温。

（4）通过 K2 键设定最低限温度略高于当前温度，则蜂鸣器报警，报警灯亮。

四、相关知识

（一）串行口方式 0 驱动数码管

1. 串行口与并行口转换控制

（1）串入并出移位寄存器 74LS164，如图 9-6（a）所示。

（2）并入串出移位寄存器 74LS165，如图 9-6（b）所示。

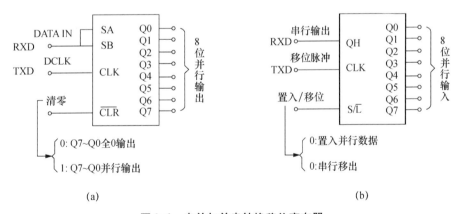

（a）　　　　　　　　　　　　　　　　　（b）

图 9-6　串并与并串转换移位寄存器

2. 利用 74LS164 驱动共阴数码管

利用 89C51 串行口控制八段数码管，设小数点暗，采用共阴逆序，设计循环显示 0～9 秒的程序。

（1）硬件结构（共阴逆序、小数点暗）原理图如图 9-7 所示。

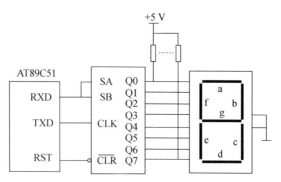

图 9-7　89C51 串口驱动数码管示意图

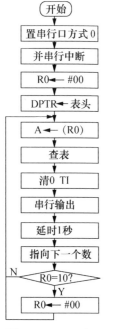

图 9-8　89C51 串口驱动
数码管程序流程图

（2）控制流程、程序。

89C51 串口驱动数码管程序流程图如图 9-8 所示。

89C51 串口驱动数码管程序如下：

```
START:MOV   SCON,#00H
      MOV   R0, #00H
      CLR   ES  ;禁止中断
      MOV   DPTR,#TABLE
LOOP:MOV   A, R0
      MOVC  A, @ A + DPTR
      CLR   TI
      MOV   SBUF,A
      LCALL  DELAY
      INC   R0
      CJNE  R0,#10,  LOOP
      MOV   R0,#00H
      AJMP  LOOP
TABLE:DB 0FCH,60H,0DAH,0F2H,66H
      DB 0B6H,0BEH,0E0H,0FEH,0F6H
      ORG   0100H
DELAY:1 秒延时程序(略)
      RET
```

（二）矩阵式键盘及其接口

矩阵式键盘：也称行列式键盘。4×4 行列结构，可安装 16 个按键，形成一个键盘。如图 9-9 所示，键扫描子程序流程如图 9-10 所示。

列线：P1.4～P1.7。

行线：P1.0～P1.3。

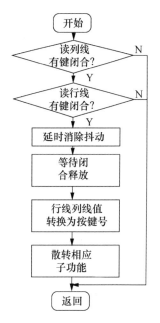

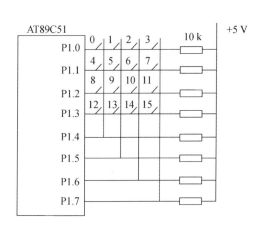

图 9-9　4×4 矩阵键盘示意图

图 9-10　4×4 矩阵键盘程序流程图

（三）串行工作方式 0

80C51 串行通信共有 4 种工作方式，由串行控制寄存器 SCON 中 SM0、SM1 决定。

串行工作方式 0 又称为同步移位寄存器工作方式。它以 RXD（P3.0）端作为数据移位的输入/输出端，以 TXD（P3.1）端输出移位脉冲。

移位数据的发送和接收以 8 位为一帧，不设起始位和停止位，无论输入/输出，均低位在前高位在后。

其帧格式如图 9-11 所示。

…	D0	D1	D2	D3	D4	D5	D6	D7	…

图 9-11　发送和接收的帧格式

方式 0 可将串行输入/输出数据转换成并行输入/输出数据。

1. 数据发送

串行口作为并行输出口使用时，要有"串入并出"的移位寄存器配合（如 CD4094 或 74HCl64）。在移位时钟脉冲（TXD）的控制下，数据从串行口 RXD 端逐位移入 74HC164 SA、SB 端。当 8 位数据全部移出后，SCON 寄存器的 TI 位被自动置 1。其后 74HC164 的内容即可并行输出。74HC164 CLR 为清 0 端，输出时 CLR 必须为 1，否则 74HC164 Q0～Q7 输出为 0。图 9-12 为串行口扩展为并行输出口示意图。

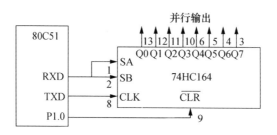

图 9-12　串行口扩展为并行输出口示意图

2. 数据接收

串行口作为并行输入口使用时，要有"并入串出"的移位寄存器配合（如 CD4014 或 74HCl65）。74HC165 S/$\overline{\text{L}}$ 端为移位/置入端，当 S/$\overline{\text{L}}$ = 0 时，从 Q0～Q7 并行置入数据，当 S/$\overline{\text{L}}$ = 1 时，允许从 QH 端移出数据。在 80C51 串行控制寄存器 SCON 中的 REN = 1 时，TXD 端发出移位时钟脉冲，从 RXD 端串行输入 8 位数据。当接收到第 8 位数据 D7 后，置位中断标志 RI，表示一帧数据接收完成。图 9-13 为串行口扩展为并行输入口示意图。

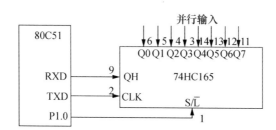

图 9-13　串行口扩展为并行输入口示意图

3. 波特率

方式 0 波特率固定，为单片机晶振频率的 12 分之一，即一个机器周期进行一次移位。

4. 应用举例

1）图 9-14 为流水灯电路原理图，试编制程序按下列顺序要求每隔 0.5 秒循环操作。

（1）8 个发光二极管全部点亮。

（2）从左向右依次暗灭，每次减少一个，直至全灭。

（3）从左向右依次点亮，每次亮一个。

（4）从右向左依次点亮，每次亮一个。

（5）从左向右依次点亮，每次增加一个，直至全部点亮。

（6）返回从（2）开始不断循环。

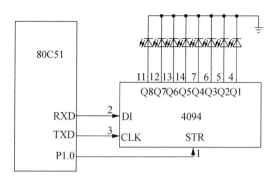

图 9-14 流水灯电路原理图

流水灯源程序如下：

```
LIGHT:  MOV    SCON,#00H          ;串行口方式 0
        CLR    ES                 ;禁止串行中断 P1 21
        MOV    DPTR,#TAB          ;置发光二极管亮暗控制字表首址
LP1:    MOV    R7,#0              ;置顺序编号 0
LP2:    MOV    A,R7               ;读顺序编号
        MOVC   A,@ A + DPTR       ;读控制字
        CLR    P1.0               ;关闭并行输出,STR = 0 时,关闭并行输出;
        MOV    SBUF,A             ;启动串行发送
        JNB    TI,MYM             ;等待发送完毕
        CLR    TI                 ;清发送中断标志
        SETB   P1.0               ;开启并行输出,STR =1 时,开启并行输出;
        LCALL  DLY500ms           ;调用延时 0.5 秒子程序
        INC    R7                 ;指向下一控制字
        CJNE   R7,#30,LP2         ;判循环操作完否?未完继续
        SJMP   LP1                ;顺序编号 0~29 依次操作完毕,从 0 开始重新循环
TAB:    DB 0FFH,7FH,3FH,1FH,0FH,07H,03H,01H,00H
                                  ;从左向右依次暗灭,每次减少一个,直至全灭
        DB 80H,40H,20H,10H,08H,04H,02H,01H ;从左向右依次点亮,每次亮一个
        DB 02H,04H,08H,10H,20H,40H,80H ;从右向左依次点亮,每次亮一个
        DB 0C0H,0E0H,0F0H,0F8H,0FCH,0FEH ;从左向右依次点亮,每次增加一个,直至全部
                                         点亮;
```

2）图 9-15 串口扩展键盘示意图，试编制程序输入 K1～K8 状态数据，并存入内 RAM 40H。

源程序如下：

```
KIN:MOV    SCON,#00H    ;串行口方式 0
    CLR    ES           ;禁止串行中断
    CLR    P1.0         ;锁存并行输入数据
    SETB   P1.0         ;允许串行移位操作
    SETB   REN          ;允许并启动接收(TXD 发送移位脉冲)
    JNB    RI,MYM       ;等待接收完毕
    MOV    40H,SBUF     ;存入 K1～K8 状态数据
    RET
```

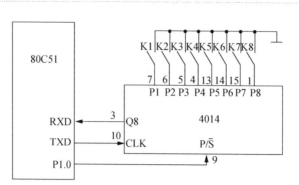

图9-15　串口扩展键盘示意图

（四）数码管静态显示技术

1. 数码管结构

数码管结构如图9-16所示。

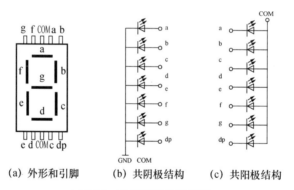

（a）外形和引脚　　（b）共阴极结构　　（c）共阳极结构

图9-16　数码管结构示意图

（1）COM：显示器位选线。

（2）a～dp：显示器段选线。

（3）发光管驱动额定电流：10～40 mA，静态取下限。

2. 静态显示及其段码

静态显示：利用8位锁存功能的I/O口线驱动一个数码管，多个数码管同时显示，需增加I/O口线。

段码形成：在COM送入低电平或高电平，然后控制各个笔段引脚电平，即可形成相应段码。

利用P1口并行输出控制八段数码管，设小数点暗，采用共阳顺序、共阴顺序、共阴逆序确定0～9的显示程序。

共阳顺序显示硬件结构如图9-17所示，程序流程图如图9-18所示。

共阳顺序、共阴顺序、共阴逆序的段码如下。

（1）共阳顺序段码：C0H，F9H，A4H，B0H，99H，92H，82H，F8H，80H，90H。

（2）共阴顺序段码：3FH，06H，5BH，4FH，66H，6DH，7DH，07H，7FH，6FH（dp→a）。

（3）共阴逆序段码：FCH，60H，DAH，F2H，66H，B6H，BEH，E0H，FEH，F6H（a→dp）。

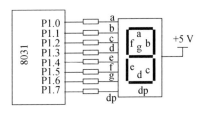

图 9-17　共阳极显示硬件连接示意图

并行输出，循环显示 0～9 秒的显示程序如下：

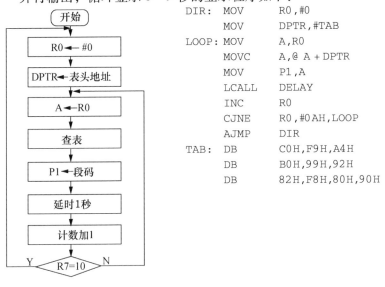

```
DIR:   MOV    R0,#0
       MOV    DPTR,#TAB
LOOP:  MOV    A,R0
       MOVC   A,@ A + DPTR
       MOV    P1,A
       LCALL  DELAY
       INC    R0
       CJNE   R0,#0AH,LOOP
       AJMP   DIR
TAB:   DB     C0H,F9H,A4H
       DB     B0H,99H,92H
       DB     82H,F8H,80H,90H
```

图 9-18　共阳极显示程序流程图

五、项目小结

本项目主要利用了数码管显示接口技术、矩阵键盘接口技术、串口方式 0 传输技术。

（1）发光二极管、七段显示器原理及段码编制。

（2）介绍行列式键盘与 51 接口电路设计及程序设计、行列式键盘原理与接口。

重点：七段码编制，单键（开关量）电路及程序设计。

难点：键及显示在实际控制电路中的综合应用。

▼**思考与练习**

1. 矩阵键盘的使用要点是什么？

2. 串口扩展传输显示数据接口要点是什么？

3. DS18B20 初始化的方法是什么？

4. 静态数码管如何规划段码和字码控制引脚？

附录 A MCS-51 单片机 SFR

一、特殊功能寄存器

符号		单元地址	名称	位地址	
				符号	地址
* ACC		E0H	累加器	ACC.7～ACC.0	E7H～E0H
* B		F0H	乘法寄存器	B.7～B.0	F7H～F0H
* PSW		D0H	程序状态字	PSW.7～PSW.0	D7H～D0H
SP		81H	堆栈指针		
DPTR	DPL	82H	DPTR（低8位）		
	DPH	83H	DPTR（高8位）		
* IE		A8H	中断允许控制器	IE.7～IE.0	AFH～A8H
* IP		B8H	中断优先控制器	IP.7～IP.0	BFH～B8H
* P0		80H	端口0	P0.7～P0.0	87H～80H
* P1		90H	端口1	P1.7～P1.0	97H～90H
* P2		A0H	端口2	P2.7～P2.0	A7H～A0H
* P3		B0H	端口3	P3.7～P3.0	B7H～B0H
PCON		87H	电源控制及波特率		
* SCON		98H	串行口控制	SCON.～SCON.0	9FH～98H
SBUF		99H	串行数据缓冲器		
* TCON		88H	定时控制	TCON.～TCON.0	8FH～88H
TMOD		89H	定时器方式选择		
TL0		8AH	定时器0低8位		
TL1		8BH	定时器1低8位		
TH0		8CH	定时器0高8位		
TH1		8DH	定时器1高8位		

二、复位后 SFR 的状态

专用寄存器	复位值
PC	0000H
ACC	00H
B	00H
PSW	00H
SP	07H
DPTR	0000H
P0～P3	FFH
IP	XXX00000B
IE	0XX00000B
TMOD	00H
TCON	00H
TH0	00H
TL0	00H
TH1	00H
TL1	00H
SCON	00H
SBUF	不定
PCON（CHMOS）	0XXX0000B

三、位寻址区

字节	位　地　址							
	D7	D6	D5	D4	D3	D2	D1	D0
2FH	7FH	07H	7DH	7CH	7BH	7AH	79H	78H
2EH	77H	76H	75H	74H	73H	72H	71H	70H
2DH	6FH	6EH	6DH	6CH	6BH	6AH	69H	68H

字节	位　地　址							
	D7	D6	D5	D4	D3	D2	D1	D0
2CH	67H	66H	65H	64H	63H	62H	61H	60H
2BH	5FH	5EH	5DH	5CH	5BH	5AH	59H	58H
2AH	57H	56H	55H	54H	53H	52H	51H	50H
29H	4FH	4EH	4DH	4CH	4BH	4AH	49H	48H
28H	47H	46H	45H	44H	43H	42H	41H	40H
27H	3FH	3EH	3DH	3CH	3BH	3AH	39H	38H
26H	37H	36H	35H	34H	43H	32H	31H	30H
25H	2FH	2EH	2DH	2CH	2BH	2AH	29H	28H
24H	27H	26H	25H	24H	23H	22H	21H	20H
23H	1FH	1EH	1DH	1CH	1BH	1AH	19H	18H
22H	17H	16H	15H	14H	13H	12H	11H	10H
21H	0FH	0EH	0DH	0CH	0BH	0AH	09H	08H
20H	07H	06H	05H	04H	03H	02H	01H	00H

附录 B   MCS-51 单片机寻址方式

一、立即寻址

立即数寻址是指将操作数直接写在指令中。

例如，指令 MOV A，#3AH 执行的操作是将立即数 3AH 送到累加器 A 中，该指令就是立即数寻址。注意：立即数前面必须加"#"号，以区别立即数和直接地址。

二、直接寻址

直接寻址是指把存放操作数的内存单元的地址直接写在指令中。在 MCS-51 单片机中，可以直接寻址的存储器主要有内部 RAM 区和特殊功能寄存器 SFR 区。

例如，指令 MOV A，3AH 执行的操作是将内部 RAM 中地址为 3AH 的单元内容传送到累加器 A 中，其操作数 3AH 就是存放数据的单元地址，因此该指令是直接寻址。

设内部 RAM 3AH 单元的内容是 88H，那么指令 MOV A，3AH 的执行过程如图 B-1 所示。

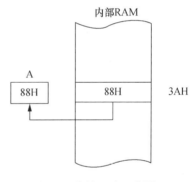

图 B-1   直接寻址示意图

三、寄存器寻址

寄存器寻址是指将操作数存放于寄存器中，寄存器包括工作寄存器 R0～R7、累加器 A、通用寄存器 B、地址寄存器 DPTR 等。例如，指令 MOV R1，A 的操作是把累加器 A 中的数据传送到寄存器 R1 中，其操作数存放在累加器 A 中，所以寻址方式为寄存器寻址。

如果程序状态寄存器 PSW 的 RS1RS0 = 01（选中第二组工作寄存器，对应地址为 08H～0FH），设累加器 A 的内容为 20H，则执行 MOV R1，A 指令后，内部 RAM 09H 单元的值就变为 20H，如图 B-2 所示。

四、寄存器间接寻址

寄存器间接寻址是指将存放操作数的内存单元的地址放在寄存器中，指令中只给出该寄存器。执行指令时，首先根据寄存器的内容，找到所需要的操作数地址，再由该地址找到操作数并完成相应操作。

在 MCS-51 指令系统中，用于寄存器间接寻址的寄存器有 R0、R1 和 DPTR，称为寄存器间接寻址寄存器。

注意：间接寻址寄存器前面必须加上符号"@"。例如，指令 MOV A，@R0 执行的操作是将 R0 的内容作为内部 RAM 的地址，再将该地址单元中的内容取出来送到累加器 A 中。

设 R0 = 3AH，内部 RAM 3AH 中的值是 65H，则指令 MOV A，@R0 的执行结果是累加器 A 的值为 65H，该指令的执行过程如图B-3 所示。

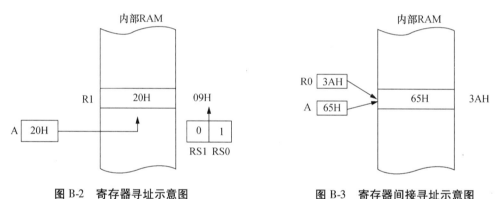

图 B-2　寄存器寻址示意图　　　　图 B-3　寄存器间接寻址示意图

五、变址寻址

变址寻址是指将基址寄存器与变址寄存器的内容相加，结果作为操作数的地址。DPTR 或 PC 是基址寄存器，累加器 A 是变址寄存器。该类寻址方式主要用于查表操作。

例如，指令 MOVC A，@A+DPTR 执行的操作是将累加器 A 和基址寄存器 DPTR 的内容相加，相加结果作为操作数存放的地址，再将操作数取出来送到累加器 A 中。

设累加器 A = 02H，DPTR = 0300H，外部 ROM 中，0302H 单元的内容是 55H，则指令 MOVC A，@A+DPTR 的执行结果是累加器 A 的内容为 55H。该指令的执行过程如图B-4 所示。

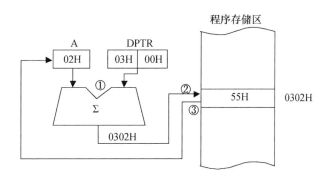

图 B-4　变址寻址示意图

六、相对寻址

相对寻址是指程序计数器 PC 的当前内容与指令中的操作数相加，其结果作为跳转指令的转移地址（也称为目的地址）。该类寻址方式主要用于跳转指令。

例如，指令 SJMP 54H 执行的操作是将 PC 当前的内容与 54H 相加，结果再送回 PC 中，成为下一条将要执行指令的地址。

设指令 SJMP 54H 的机器码 80H 54H 存放在 2000H 处，当执行到该指令时，

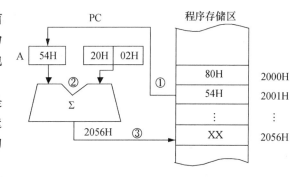

图 B-5　相对寻址示意图

先从 2000H 和 2001H 单元取出指令，PC 自动变为 2002H；再把 PC 的内容与操作数 54H 相加，形成目标地址 2056H，再送回 PC，使得程序跳转到 2056H 单元继续执行。该指令的执行过程如图 B-5 所示。

七、位寻址

位寻址是指按位进行的寻址操作，而上述介绍的指令都是按字节进行的寻址操作。在 MCS-51 单片机中，操作数不仅可以按字节为单位进行操作，也可以按位进行操作。当把某一位作为操作数时，这个操作数的地址称为位地址。

位寻址区包括专门安排在内部 RAM 中的两个区域：一是内部 RAM 的位寻址区，地址范围是 20H～2FH，共 16 个 RAM 单元，位地址为 00H～7FH；二是特殊功能寄存器 SFR 中有 11 个寄存器可以位寻址。

附录 C　MCS-51 单片机伪指令

1. 定位伪指令 ORG

格式：〔标号:〕　ORG　地址表达式
功能：规定程序块或数据块存放的起始位置。
例如：

```
ORG 1000H    ;表示下面指令 MOV A,#20H 存放于 1000H 开始的单元
MOV A,#20H
```

2. 定义字节数据伪指令 DB

格式：〔标号:〕　DB　字节数据表
功能：字节数据表可以是多个字节数据、字符串或表达式，它表示将字节数据表中的数据从左到右依次存放在指定地址单元。
例如：

```
ORG 1000H
TAB:DB 2BH,0A0H,'A',2*4    ;表示从 1000H 单元开始的地方存放数据 2BH,0A0H,
                           ;41H(字母 A 的 ASCII 码),08H
```

3. 定义字数据伪指令 DW

格式：〔标号:〕　DW　字数据表
功能：与 DB 类似，但 DW 定义的数据项为字，包括两个字节，存放时高位在前，低位在后。
例如：

```
ORG 1000H
DATA:DW  324AH,3CH  ;表示从 1000H 单元开始的地方存放数据 32H,4AH,00H,
                    ;3CH(3CH 以字的形式表示为 003CH)
```

4. 定义空间伪指令 DS

格式：〔标号:〕　DS　表达式
功能：从指定的地址开始，保留多少个存储单元作为备用的空间。
例如：

```
ORG  1000H
BUF:DS  50
TAB:DB  22H          ;表示从 1000H 开始的地方预留 50(1000H~1031H)个存储字节空间,
                     ;22H 存放在 1032H 单元
```

5. 符号定义伪指令 EQU 或 =

格式：符号名　EQU　表达式　　或　　　符号名 = 表达式

功能：将表达式的值或某个特定汇编符号定义为一个指定的符号名，只能定义单字节数据，并且必须遵循先定义后使用的原则，因此该语句通常放在源程序的开头部分。

例如：

```
LEN = 10
SUM  EQU  21H
   …
MOV  A,#LEN   ;执行指令后,累加器 A 中的值为 0AH
```

6. 数据赋值伪指令 DATA

格式：符号名　DATA　表达式

功能：将表达式的值或某个特定汇编符号定义为一个指定的符号名，只能定义单字节数据，但可以先使用后定义，因此用它定义数据可以放在程序末尾进行数据定义。

例如：

```
   …
MOV A,#LEN
   …
LEN  DATA  10
```

尽管 LEN 的引用在定义之前，但汇编语言系统仍可以知道 A 的值是 0AH。

7. 数据地址赋值伪指令 XDATA

格式：符号名　XDATA　表达式

功能：将表达式的值或某个特定汇编符号定义为一个指定的符号名，可以先使用后定义，并且用于双字节数据定义。

例如：

```
DELAY  XDATA  0356H
 …
LCALL  DELAY          ;执行指令后,程序转到 0356H 单元执行
```

8. 汇编结束伪指令 END

格式：［标号：］　　END

功能：汇编语言源程序结束标志，用于整个汇编语言程序的末尾处。

附录 D　MCS-51 单片机指令系统

一、算术运算类指令（24 条）

助记符	操作功能	机器码	字节数	机器周期数
ADD A, Ri	寄存器与累加器内容相加	28 - 2F	1	1
ADD A, @Rj	片内 RAM 与累加器内容相加	26、27	1	1
ADD A, direct	直接寻址字节与累加器内容相加	25 nn	2	1
ADD A, #data	立即数与累加器内容相加	24 nn	2	1
ADD A, Ri	寄存器与累加器与进位位内容相加	38 - 3F	1	1
ADD A, @Rj	片内 RAM 与累加器与进位位内容相加	36、37	1	1
ADD A, direct	直接寻址字节与累加器与进位位内容相加	35 nn	2	1
ADD A, #data	立即数与累加器与进位位内容相加	34 nn	2	1
SUBB A, Ri	累加器内容减寄存器与进位位内容	98 - 9F	1	1
SUBB A, @Rj	累加器内容减片内 RAM 与进位位内容	96、97	1	1
SUBB A, direct	累加器内容减直接寻址字节与进位位内容	95 nn	2	1
SUBB A, #data	累加器内容减立即数与进位位内容	94 nn	2	1
INC A	累加器内容加 1	04	1	1
INC Ri	寄存器内容加 1	08 - 0F	1	1
INC @Rj	片内 RAM 内容加 1	06、07	1	1
INC direct	直接寻址字节内容加 1	05 nn	2	1
INC DPTR	数据指针寄存器内容加 1	A3	1	2
DEC A	累加器内容减 1	14	1	1
DEC Ri	寄存器内容减 1	18 - 1F	1	1
DEC @Rj	片内 RAM 内容减 1	16、17	1	1
DEC direct	直接寻址字节内容减 1	15 nn	2	4
DA A	累加器内容十进制调整	D 4	1	1
MUL AB	累加器内容乘寄存器 B 内容	A 4	1	4
DIV AB	累加器内容除寄存器 B 内容	B 4	1	4

二、逻辑运算类指令（24条）

助记符	操作功能	机器码	字节数	机器周期数
ANL A, direct	直接寻址字节内容与累加器内容	55 nn	2	1
ANL direct, A	累加器内容与直接寻址字节内容	52 nn	2	1
ANL A, #data	立即数与累加器内容	54 nn	2	1
ANL direct, #data	立即数与直接寻址字节内容	53 nn　nn	3	2
ANL A, @ Ri	片内 RAM 内容"与"到累加器	56 – 57	1	1
ANL A, Rn	寄存器内容"与"到累加器	58 – 5F	1	1
ORL A, Ri	寄存器内容或累加器内容	48 – 4F	1	1
ORL A, @Rj	片内 RAM 内容或累加器内容	46、47	1	1
ORL A, direct	直接寻址字节内容或累加器内容	45 nn	2	1
ORL direct, A	累加器内容或直接寻址字节内容	42 nn	2	1
ORL A, #data	立即数或累加器内容	44 nn	2	1
ORL direct, #data	立即数或直接寻址字节内容	43 nn　nn	3	2
XRL A, Ri	寄存器内容异或累加器内容	68 – 6F	1	1
XRL A, @Rj	片内 RAM 内容异或累加器内容	66、67	1	1
XRL A, direct	直接寻址字节内容异或器加器内容	65 nn	2	1
XRL direct, A	累加器内容异或直接寻址字节内容	62 nn	2	1
XRL A, #data	立即数异或累加器内容	64 nn	2	1
XRL direct, #data	立即数异或直接寻址字节内容	63 nn　nn	3	2
CPL A	累加器内容取反	F4	1	1
CLR A	累加器内容清零	E4	1	1
RL A	累加器内容向左环移一位	23	1	1
RR A	累加器内容向右环移一位	03	1	1
RLC A	累加器内容带进位位向左环移一位	33	1	1
RRC A	累加器内容带进位位向右环移一位	13	1	1

三、控制转移类指令（17 条）

助记符	操作功能	机器码	字节数	机器周期数
AJMP addr 11	绝对转移（2 KB 地址内）	01 – E1 nn	2	2
LJMP addr 16	长转移（64 KB 地址内）	02 nn nn	3	2
SJMP rel	相对短转移（–128～+127 地址内）	80 nn	2	2
JMP @A + DPTR	相对长转移（64 KB 地址内）	73	1	2
JZ rel	累加器内容为零转移	60 nn	2	2
JNZ rel	累加器内容不为零转移	70 nn	2	2
CJNE A, direct, rel	累加器内容与直接寻址字节内容不等转移	B5 nn nn	3	2
CJNE A, #data, rel	累加器内容与立即数不等转移	B4 nn nn	3	2
CJNE Ri, #data, rel	寄存器内容与立即数不等转移	B8 – BF nn nn	3	2
CJNE @Rj, #data, rel	片内 RAM 内容与立即数不等转移	B6、B7 nn nn	3	2
DJNZ Ri, rel	寄存器内容减 1 不为零转移	D8 – DF nn	2	2
DJNZ direct, rel	直接寻址字节内容减 1 不为零转移	D5 nn nn	3	2
ACALL addr 11	绝对调子（2 KB 地址内）	11 – F1 nn	2	2
LCALL addr 16	长调子（64 KB 地址内）	12 nnn nn	3	2
RET	返主	22	1	2
RETI	中断返主	32	1	2
NOP	空操作	00	1	1

四、位操作类指令（17条）

助记符	操作功能	机器码	字节数	机器周期数
MOV C, bit	直接寻址位内容送进位位	A2 nn	2	1
MOV bit, C	进位位内容送直接寻址位	92 nn	2	1
CPL C	进位位取反	B3	1	1
CLR C	进位位清零	C3	1	1
SETB C	进位位置位	D3	1	1
CPL bit	直接寻址位取反	B2 nn	2	1
CLR bit	直接寻址位清零	C2 nn	2	1
SETB bit	直接寻址位置位	D2 nn	2	1
ANL C, bit	直接寻址位内容与进位位内容	82 nn	2	2
ORL C, bit	直接寻址位内容或进位位内容	72 nn	2	2
ANL C, /bit	直接寻址位内容的反与进位位内容	B0 nn	2	2
ORL C, /bit	直接寻址位内容的反或进位位内容	A0 nn	2	2
JC rel	进位位为1转移	40 nn	2	2
JNC rel	进位位不为1转移	50 nn	2	2
JB bit, rel	直接寻址位为1转移	20 nn nn	3	2
JNB bit, rel	直接寻址位不为1转移	30 nn nn	3	2
JBC bit, rel	直接寻址位为1转移且该位清零	10 nn nn	3	2

五、数据传送类指令（29 条）

助记符	操作功能	机器码	字节数	机器周期数
MOV direct, A	累加器内容送直接寻址字节	F5 nn	2	1
MOV direct, Ri	寄存器内容送直接寻址字节	88 – 8F nn	2	2
MOV Ri, direct	直接寻址字节内容送寄存器	A8 – AF nn	2	2
MOV direct, @Rj	片内 RAM 内容送直接寻址字节	86、87 nn	2	2
MOV @Rj, direct	直接寻址字节内容送片内 RAM	A6、A7 nn	2	2
MOV direct, direct	直接寻址字节内容送另一直接寻址字节	85 nn　nn	3	2
MOV A, #data	立即数送累加器	74 nn	2	1
MOV Ri, #data	立即数送寄存器	78 7F nn	2	1
MOV @Rj, #data	立即数送片内 RAM	76 77 nn	2	1
MOV direct, #data	立即数送直接寻址字节	75 nn　nn	3	2
MOV DPTR, #data	16 位立即数送数据指针寄存器	90 nn　nn	3	2
MOVX A, @Rj	片外 RAM 内容送累加器（8 位地址）	E2 E3	1	2
MOVX @Rj, A	累加器内容送片外 RAM（8 位地址）	F2 F3	1	2
MOVX A, @DPTR	片外 RAM 内容送累加器（16 位地址）	E0	1	2
MOVC A, @A + DPTR	相对数据指针内容送累加器	93	1	2
MOVC A, @A + PC	相对程序计数器内容送累加器	83	1	2
XCH A, Ri	累加器与寄存器交换内容	C8 – CF	1	1
XCH A, @Rj	累加器与片内 RAM 交换内容	C6、C7	1	1
XCH A, direct	累加器与直接寻址字节交换内容	C5 nn	2	1
XCHD A, @Rj	累加器与片内 RAM 交换低半字节内容	D6、D7	1	1
SWAP A	累加器交换高半字节与低半字节内容	C4	1	1
PUSH direct	直接寻址字节内容压入堆栈栈顶	D0 nn	2	2
POP direct	堆栈栈顶内容弹出到直接寻址字节	D0 nn	2	2
MOV A, Rn	寄存器送累加器	F1 nn	1	1
MOV Rn, A	累加器送寄存器	F2 nn	1	1
MOV A, @ Ri	内部 RAM 单元送累加器	A1 nn	1	1
MOV @ Ri, A	累加器送内部 RAM 单元	A2 nn	1	1
MOV A, # data	立即数送累加器	C4 nn	2	1
MOV A, direct	直接寻址单元送累加器	C5 nn	2	1

附录 E Proteus 常用器件关键词英汉对照

AND	与门
ANTENNA	天线
BATTERY	直流电源
BELL	铃，钟
BVC	同轴电缆接插件
BRIDEG 1	整流桥（二极管）
BRIDEG 2	整流桥（集成块）
BUFFER	缓冲器
BUZZER	蜂鸣器
CAP	电容
CAPACITOR	电容
CAPACITOR POL	有极性电容
CAPVAR	可调电容
CIRCUIT BREAKER	熔断丝
COAX	同轴电缆
CON	插口
CRYSTAL	晶体振荡器
DB	并行插口
DIODE	二极管
DIODE SCHOTTKY	稳压二极管
DIODE VARACTOR	变容二极管
DPY_3-SEG	3 段 LED
DPY_7-SEG	7 段 LED
DPY_7-SEG_DP	7 段 LED（带小数点）
ELECTRO	电解电容
FUSE	熔断器
INDUCTOR	电感
INDUCTOR IRON	带铁芯电感
INDUCTOR3	可调电感
JFET N	N 沟道场效应管
JFET P	P 沟道场效应管
LAMP	灯泡

LAMP NEDN	起辉器
LED	发光二极管
METER	仪表
MICROPHONE	麦克风
MOSFET	MOS 管
MOTOR AC	交流电机
MOTOR SERVO	伺服电机
NAND	与非门
NOR	或非门
NOT	非门
NPN	NPN 三极管
NPN-PHOTO	感光三极管
OPAMP	运放
OR	或门
PHOTO	感光二极管
PNP	PNP 三极管
NPN DAR	NPN 三极管
PNP DAR	PNP 三极管
POT	滑线变阻器
PELAY-DPDT	双刀双掷继电器
RES1. 2	电阻
RES3. 4	可变电阻
RESISTOR BRIDGE	桥式电阻
RESPACK	电阻
SCR	晶闸管
PLUG	插头
PLUG AC FEMALE	三相交流插头
SOCKET	插座
SOURCE CURRENT	电流源
SOURCE VOLTAGE	电压源
SPEAKER	扬声器
SW	开关
SW-DPDY	双刀双掷开关
SW-SPST	单刀单掷开关
SW-PB	按钮
THERMISTOR	电热调节器
TRANS1	变压器
TRANS2	可调变压器
TRIAC	三端双向可控硅

TRIODE	三极真空管
VARISTOR	变阻器
ZENER	齐纳二极管
DPY_7-SEG_DP	数码管
SW-PB	开关

附录 F　Keil C51 编程技巧

一、软件的打开

双击桌面上的 Keil μVision 2 图标或者选择屏幕左下方的"开始"→"程序"→ "Keil μVision 2",出现如图 F-1 所示的界面,随后就进入了 Keil μVision 2 集成环境。

图 F-1　启动 Keil μVision 2 时的界面

二、工作界面

Keil μVision 2 的工作界面是一种标准的 Windows 界面,如图 F-2 所示。它包括标题栏、主菜单、标准工具栏、代码窗口等。

关于该软件的使用,与学习其他软件的方法没有多大区别,当然也不是每个功能都使用,没必要逐一介绍,下面举一个例子说明使用就行了,如果想详细了解,请搜索其详细使用资料。

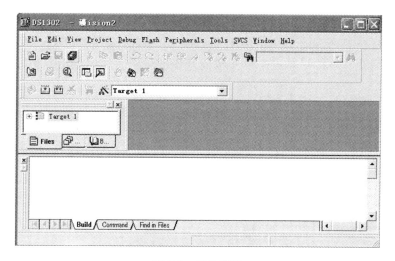

图 F-2　工作界面

三、跑马灯实例程序设计

（1）建立一个新工程。单击 Project 菜单，在弹出的下拉菜单中选中 New Project 选项，如图 F-3 所示。

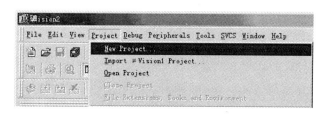

图 F-3　选择建立工程菜单

（2）确定之后选择要保存的路径，输入工程文件的名字，比如保存到"跑马灯"目录中，工程文件的名字为"跑马灯"如图 F-4 所示，然后单击"保存"按钮。

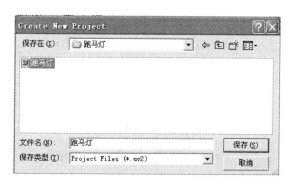

图 F-4　创建工程

（3）随后会弹出一个对话框，要求选择单片机的型号，可以根据使用的单片机来选择，KeilC51 几乎支持所有的 52 核的单片机，由于 Proteus 选用 AT89C52 原理图，那么选择 AT89C52 之后，右边栏是对这个单片机的基本的说明，然后单击"确定"按钮即可，如图 F-5 所示。

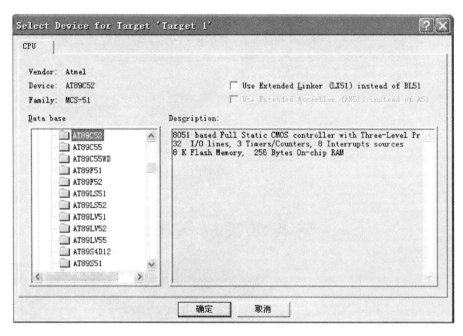

图 F-5　选择单片机的型号

（4）完成上一步骤后，工程到此就已经创建起来了，其界面如图 F-6 所示。

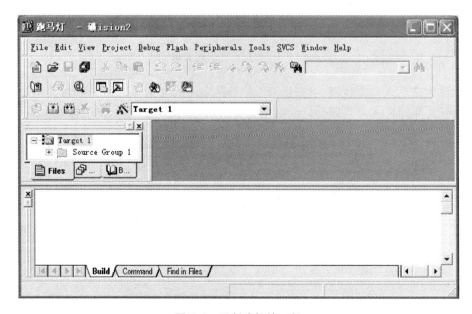

图 F-6　已创建好的工程

（5）工程虽然已经创建好，即已经建立好了一个工程来管理跑马灯这样一个项目，但还没写一行程序，因此还需要建立相应的 C 文件或汇编文件。下面就来新建一个 C 文件，新建之后并保存，如图 F-7 所示。

图 F-7　新建 C 文件并保存

（6）添加文件到工程。把刚才新建的 led.c 添加到工程来，其方法如图 F-8 所示，添加后的界面如图 F-9 所示。

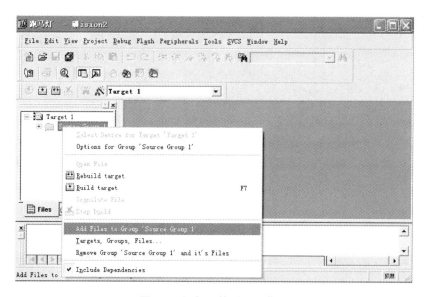

图 F-8　添加文件到工程菜单

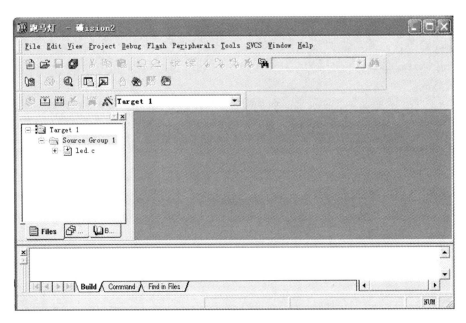

图 F-9　添加完成后的界面

（7）打开 led.c 文件，输入 C 代码，完成之后如图 F-10 所示。

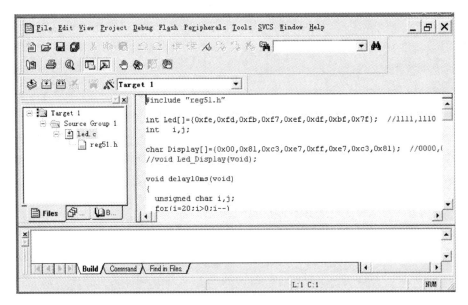

图 F-10　输入源代码

（8）单击 Project 菜单，然后单击 Options for Target "Target1" 对话框中的 Output 标签，在 Output 选项卡中选择 "Create HEX File" 选项，使程序编译后产生 HEX 代码，以便在 Proteus 里加载可执行代码；并选择 Target 选项卡，更改晶振频率（本例使用 12 MHz 晶振），其如图 F-11 所示。

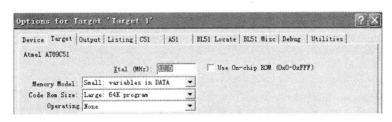

图 F-11　修改晶振频率

到此，设置工作已完成，下面将编译、链接、转换成可执行文件（.HEX 的文件）。

（9）编译、链接、生成可执行文件。依次单击如图 F-12 所示的图标，如果没有语法错误，将会生成可执行文件，即本例可执行文件为"跑马灯.hex"。

图 F-12　编译、链接、生成可执行文件图标

四、Proteus 和 Keil 的联调

（1）假若 Keil C51 与 Proteus 均已正确安装在 D：\ Program Files 的目录里，把 D：\ Program Files\Labcenter Electronics\Proteus 7 Professional\MODELS\VDM51. dll 复制到 D：\ Program Files\keilC\C51\BIN 目录中，如果没有"VDM51. dll"文件，那么去网上下载一个。

（2）用记事本打开 D：\Program Files\keilC\C51\TOOLS. INI 文件，在"C51"栏目下加入：

TDRV5 = BIN\ VDM51. DLL（"Proteus VSM Monitor-51 Driver"）

其中"TDRV5"中的"5"要根据实际情况写，不要和原来的重复即可。

（步骤1和2只需在初次使用设置。）

（3）需要设置 KeilC 的选项。

选择 Project/Options for Target 选项或者单击工具栏的 option for target 按钮，弹出窗口，选择 Debug 选项卡，出现如图 F-13 所示的界面。

在出现的界面中选择"Proteus VSM Monitor-51 Driver"选项，并且还要选中"Use"单选按钮。

再单击 Setting 按钮，设置通信接口，在"Host"文本框中输入"127.0.0.1"，如果使用的不是同一台计算机，则需要在这里添上另一台计算机的 IP 地址（另一台计算机也应安装 Proteus）。在"Port"文本框中输入"8000"。设置好的情形如图 F-14 所示，然后单击 OK 按钮。最后将工程编译，进入调试状态，并运行。设置完之后，请重新编译、链接、生成可执行文件。

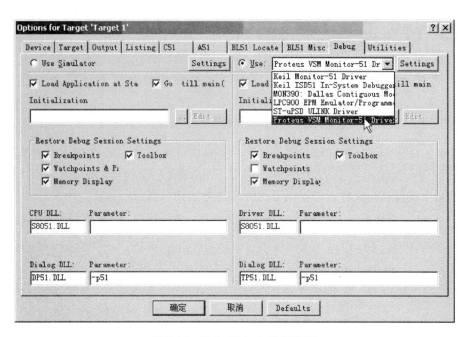

图 F-13　Keil uVision2 选项设置

（4）Proteus 的设置。

进入 Proteus 的 ISIS，单击 Debug 菜单，选择 Use Romote Debuger Monitor 选项，如图 F-15所示。此后，便可实现 KeilC 与 Proteus 连接调试。

图 F-14　设置通信接口　　　图 F-15　Debug 菜单项

（5）Proteus 里加载可执行文件。

左键双击 AT89C52 原理图，将弹出如图 F-16 所示的界面，选择加载可执行文件"跑马灯 . hex"。

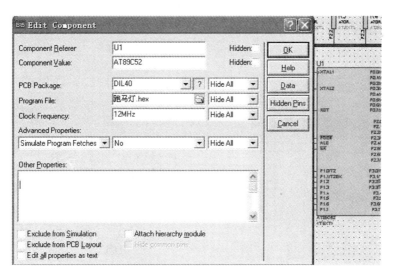

图 F-16 选择加载可执行文件

（6）KeilC 与 Proteus 连接仿真调试。

单击"仿真运行开始"按钮，能清楚地观察到每一个引脚的电频变化，红色代表高电频，蓝色代表低电频。其运行情况如图 F-17 所示。

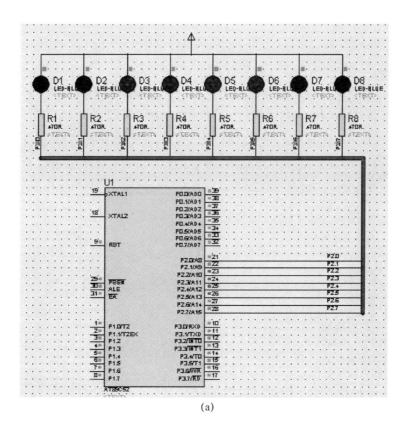

(a)

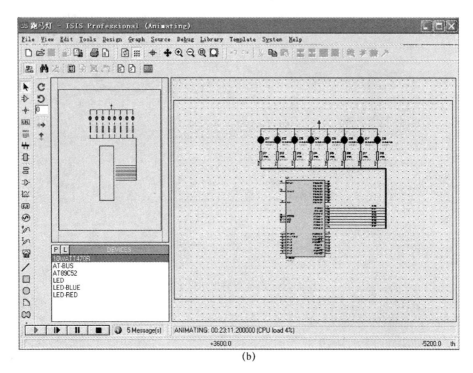

(b)

图 F-17　仿真运行效果

跑马灯源代码

```
#include "reg51.h"
int Led[] = {0xfe,0xfd,0xfb,0xf7,0xef,0xdf,0xbf,0x7f};  //1111,
                                     //11101111,110011
11,1000  -------
int  i,j;
char Display[] = {0x00,0x81,0xc3,0xe7,0xff,0xe7,0xc3,0x81};  //0000,0000  1000,
                                       //0001  1100,0011  1110,0111
1111,1111  -------
//void Led_Display(void);
void delay10ms(void)
{
  unsigned char i,j;
  for(i =20;i >0;i --)
for(j =248;j >0;j --);
}
void delay02s(void)
{
  unsigned char i;
  for(i =20;i >0;i --)
    {delay10ms();
    }
}
void main()
```

```
    {
 P2 = 0xff;
while(1)
{
   for(j = 0;j < 6;j + +)
   {
for(i = 0;i < 8;i + +)
{
   P2 = Display[i];
   delay02s();
}
      }
      for(j = 0;j < 3;j + +)
   {
for(i = 0;i < 8;i + +)
{
P2 = Led[i];
delay02s();
}
   for(i = 0;i < 8;i + +)
{
          P2 = Led[7 -i];
          delay02s();
       }
          }
       }
}
```

附录 G　工程中常用芯片引脚图

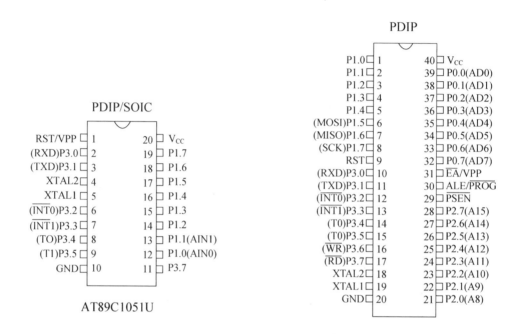

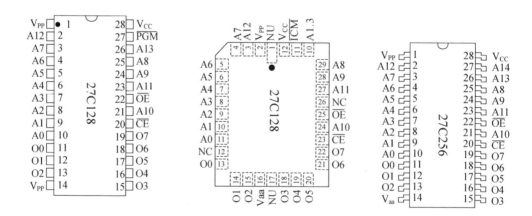

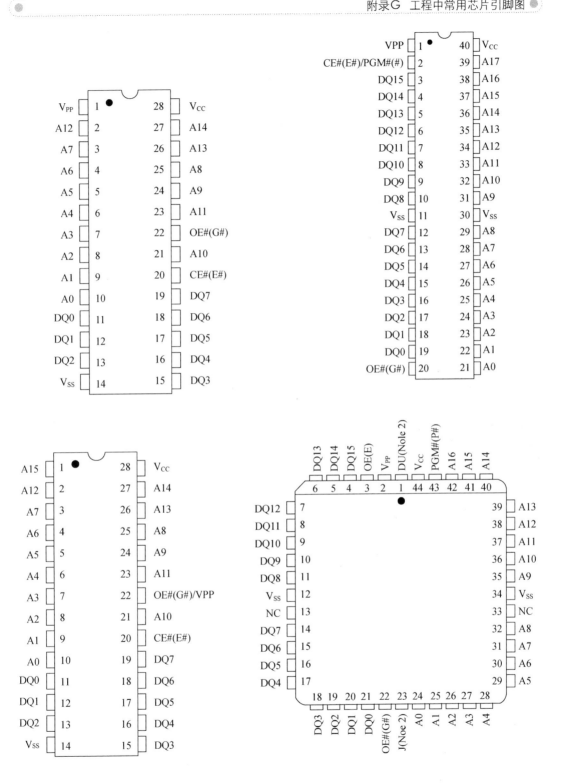

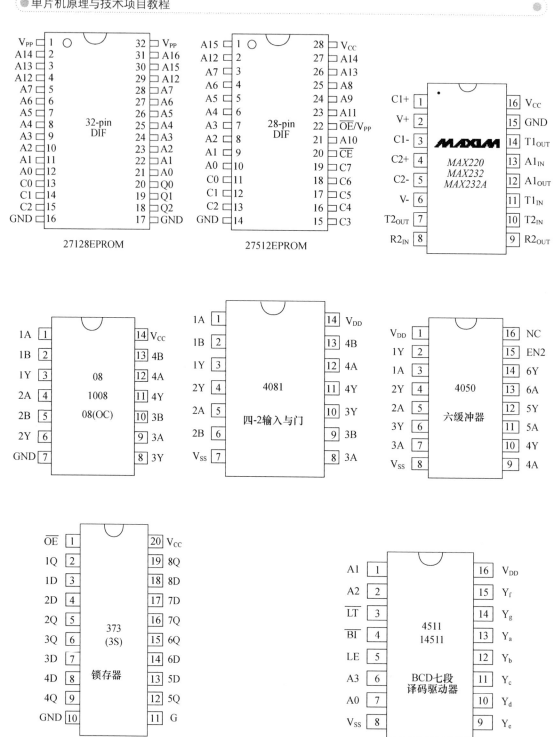

附录 H MCS-51 单片机常用英文词汇

一、与引脚功能相关词汇

XTAL：External Crystal Oscillator，外部晶体振荡器。

CLKOUT：Clock out，时钟输出。

BUSWDITH：总线宽度。

Vref：参考电压（带 ADC 的单片机中有的）。

RESET：复位，重启。

HSO：High Speed Output，高速输出。

HSI：High Speed Input：高速输入。

INST：Instruction，指令。

READY：就绪，总线中的就绪信号或引脚。

NMI：No Mask Interruput（Input）：不可屏蔽的中断请求（输入）。

RXD：Receive Data，接收串行数据，单片机中有 UART/USART 功能的串行数据输入引脚。

TXD：Transmit Data，发送串行数据，单片机中有 UART/USART 功能的串行数据输出引脚。

EA：External Address Enable，外部存储器地址允许。

RD：ReaD，存储器的读信号。

WR：WRite，存储器的写信号。

BHE：Bank High Enable：存储器的高位允许，如在 80286 系统中 RAM 的组织为 16 位的，分为高 8 位和低 8 位数据，其对应的控制信号为 BHE 和 BLE。

ALE：Address Latch Enable，地址信号锁定允许，这在早期 Intel 总线结构中是必不可少的信号，常和锁存器使用来分离地址/数据复用端口的地址和数据信号。

二、与指令相关词汇

1）数据传送类指令（7 种助记符）

MOV（英文为 Move）：对内部数据寄存器 RAM 和特殊功能寄存器 SFR 的数据进行传送。

MOVC（Move Code）：读取程序存储器数据表格的数据传送。

MOVX　（Move External RAM）：对外部 RAM 的数据传送。

XCH　　（Exchange）：字节交换。

XCHD　（Exchange low-order Digit）：低半字节交换。

PUSH　（Push into Stack）：入栈。

POP　　（Pop from Stack）：出栈。

2）算术运算类指令（8 种助记符）

ADD（Addition）：加法。

ADDC（Add with Carry）：带进位加法。

SUBB（Subtract with Borrow）：带借位减法。

DA（Decimal Adjust）：十进制调整。

INC（Increment）：加 1。

DEC（Decrement）：减 1。

MUL（Multiplication、Multiply）：乘法。

DIV（Division、Divide）：除法。

3）逻辑运算类指令（10 种助记符）

ANL（AND Logic）：逻辑与。

ORL（OR Logic）：逻辑或。

XRL（Exclusive-OR Logic）：逻辑异或。

CLR（Clear）：清零。

CPL（Complement）：取反。

RL（Rotate Left）：循环左移。

RLC（Rotate Left through the Carry flag）：带进位循环左移。

RR（Rotate Right）：循环右移。

RRC（Rotate Right through the Carry flag）：带进位循环右移。

SWAP（Swap）：低 4 位与高 4 位交换。

4）控制转移类指令（17 种助记符）

ACALL（Absolute subroutine Call）：子程序绝对调用。

LCALL（Long subroutine Call）：子程序长调用。

RET（Return from subroutine）：子程序返回。

RETI（Return from Interruption）：中断返回。

SJMP（Short Jump）：短转移。

AJMP（Absolute Jump）：绝对转移。

LJMP（Long Jump）：长转移。

JNE（Compare Jump if Not Equal）：比较不相等则转移。

DJNZ（Decrement Jump if Not Zero）：减 1 后不为 0 则转移。

JZ（Jump if Zero）：结果为 0 则转移。

JNZ（Jump if Not Zero）：结果不为 0 则转移。

JC（Jump if the Carry flag is set）：有进位则转移。

JNC（Jump if Not Carry）：无进位则转移。

JB（Jump if the Bit is set）：位为 1 则转移。

JNB（Jump if the Bit is Not set）：位为 0 则转移。

JBC（Jump if the Bit is set and Clear the bit）：位为 1 则转移，并清除该位。

NOP（No Operation）：空操作。

5）位操作指令（1 种助记符）

SETB（Set Bit）：位置 1。

三、与内部寄存器有关的词汇

PC（Programmer Counter）：程序计数器。

ACC（Accumulate）：累加器。

PSW（Programmer Status Word）：程序状态字。

SP（Stack Point）：堆栈指针。

DPTR（Data Point Register）：数据指针 寄存器。

IP（Interrupt Priority）：中断优先级。

IE（Interrupt Enable）：中断使能。

TMOD（Timer Mode）：定时器方式（定时器/计数器控制寄存器）。

ALE（Alter）：变更，可能是。

PSEN（Programmer Saving Enable）：程序存储器使能（选择外部程序存储器的意思）。

EA（Enable All）：允许所有中断，完整应该是 Enable All Interrupt。

PROG（Programmer）：程序。

SFR（Special Function Register）：特殊功能寄存器。

TCON（Timer Control）：定时器控制。

PCON（Power Control）：电源控制。

MSB（Most Significant Bit）：最高有效位。

LSB（Last Significant Bit）：最低有效位。

CY（Carry）：进位（标志）。

AC（Assistant Carry）：辅助进位。

OV（Over Flow）：溢出。

ORG（Originally）：起始来源。

DB（Define Byte）：字节定义。

EQU（Equal）：等于。

DW（Define Word）：字定义。

E（Enable）：使能。

OE（Output Enable）：输出使能。

RD（Read）：读。

WR（Write）：写。

四、与中断相关的词汇

INT0（Interrupt 0）：中断0。

INT1（Interrupt 1）：中断1。

T0（Timer 0）：定时器0。

T1（Timer 1）：定时器1。

TF1（Timer1 Flag）：定时器1标志（其实是定时器1中断标志位）。

IE1（Interrupt Exterior）：外部中断请求，可能是。

IT1（Interrupt Touch）：外部中断触发方式，可能是。

ES（Enable Serial）：串行使能。

ET（Enable Timer）：定时器使能。

EX（Enable Exterior）：外部使能（中断）。

PX（Priority Exterior）：外部中断优先级。

PT（Priority Timer）：定时器优先级。

PS（Priority Serial）：串口优先级。

附录 I MCS-51 单片机常用模块实训

一、8155 芯片接口模块

（一）实训目的

1. 掌握单片机系统与 8155 芯片硬件接口设计方法。
2. 掌握 8155 芯片的初始化及 8155 芯片的使用方法。

（二）实训设备

RXMCU-3A 型单片机接口技术实训装置一套。2#防转实训导线若干，计算机一台。

（三）实训原理

在比较大的单片机系统里，通常它的 I/O 口不够用，采用扩展的方法增加它的 I/O 口。利用 8155 芯片或 8255 芯片扩展是在实时性比较高的场合经常用到的方案。下面以 8155 芯片为例讲述它的使用方法。

Intel 8155 芯片内部包含一个 256 字节的静态 RAM，两个 8 位并行口 PA、PB，一个 6 位并行口 PC，以及一个 14 位的定时器/计数器，是单片机系统常用的接口芯片，如表 I-1 所示。

芯片的 IO/M = 0 时选中 RAM，IO/M = 1 时，对 I/O 口进行读写，如表 I-2 所示。

表 I-1 8155 芯片内部 I/O 地址表

A2	A1	A0	I/O 口
0	0	0	命令状态口
0	0	1	PA
0	1	0	PB
0	1	1	PC
1	0	0	定时器低 8 位
1	0	1	定时器高 6 位

表 I-2　8155 芯片控制字

D7	D6	D5	D4	D3	D2	D1	D0
TM2	TM1	IEB	IEA	PC2	PC1	PB	PA
0	0	0：禁止 1：允许	0：禁止 1：允许	0	0	0：输入 1：输出	0：输入 1：输出

（四）接线图

8155 芯片接线图如图 I-1 所示。

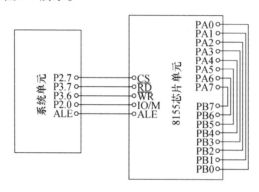

图 I-1　8155 芯片接线图

（五）实训内容

本实训设置 PB 口为输入口，PA 口为输出口，PA 口的输出与 PB 口相连，A 寄存器的内容从 PA 口输出，再从 PB 口输入。

程序如下：

```
ORG  0000H
AJMP  MAIN
ORG  100H
MAIN: MOV  A,  #01H  ;设定 PA 为输出,PB 口为输入
MOV  DPTR,  #7F00H
MOVX  @ DPTR,A  ;8155 芯片初始化
MOV  DPTR,  #7F01H
MOV  A,30H
MOVX  @ DPTR,A  ;输出数据
MOV  DPTR,  #7F02H
MOVX  A,@ DPTR  ;读入数据
SJMP  MAIN
END
```

（六）实训步骤

（1）输入程序并检查无误。先把程序汇编，排出错误，接着装载程序。

（2）连接好线路后开始调试，单步运行。

（3）改变 30H 的内容，观察输出和输入的变化，看是否正确。

二、8255 芯片接口模块

（一）实训目的

1. 掌握单片机系统与 8255 芯片硬件接口设计方法。

2. 掌握 8255 芯片的初始化及 8255 芯片的不同模式（模式 0、模式 1、模式 2）的使用方法。

（二）实训设备

RXMCU-3A 型单片机接口技术实训装置一套。2#防转实训导线若干，计算机一台。

（三）实训原理

1. 8255 芯片模式说明

模式选择控制字定义如图 Ⅰ-2 所示。

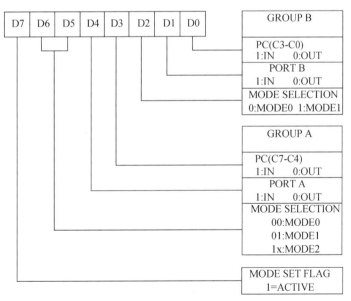

图 Ⅰ-2　模式选择控制字定义

8255 芯片有 3 种模式，在这里主要介绍模式 0 的使用方法，如表 Ⅰ-3 与表 Ⅰ-4 所示。其他模式的使用请参考芯片资料手册里的 8255A. PDF 文档。

表 I-3　8255A 模式口下端口各位的定义

A		B		Group A			Group B	
D4	D3	D1	D0	Port A	Port C (Upper)	#	Port B	Port C (Lower)
0	0	0	0	OUTPUT	OUTPUT	0	OUTPUT	OUTPUT
0	0	0	1	OUTPUT	OUTPUT	1	OUTPUT	INPUT
0	0	1	0	OUTPUT	OUTPUT	2	INPUT	OUTPUT
0	0	1	1	OUTPUT	OUTPUT	3	INPUT	INPUT
0	1	0	0	OUTPUT	INPUT	4	OUTPUT	OUTPUT
0	1	0	1	OUTPUT	INPUT	5	OUTPUT	INPUT
0	1	1	0	OUTPUT	INPUT	6	INPUT	OUTPUT
0	1	1	1	OUTPUT	INPUT	7	INPUT	INPUT
1	0	0	0	INPUT	OUTPUT	8	OUTPUT	OUTPUT
1	0	0	1	INPUT	OUTPUT	9	OUTPUT	INPUT
1	0	1	0	INPUT	OUTPUT	10	INPUT	OUTPUT
1	0	1	1	INPUT	OUTPUT	11	INPUT	INPUT
1	1	0	0	INPUT	INPUT	12	OUTPUT	OUTPUT
1	1	0	1	INPUT	INPUT	13	OUTPUT	INPUT
1	1	1	0	INPUT	INPUT	14	INPUT	OUTPUT
1	1	1	1	INPUT	INPUT	15	INPUT	INPUT

表 I-4　8255A 基本操作

A1	A0	$\overline{RD}$	$\overline{WR}$	$\overline{CS}$	Input Operation（READ）
0	0	0	1	0	Port A→Data Bus
0	1	0	1	0	Port B→Data Bus
1	0	0	1	0	Port C→Data Bus
					Output Operation（WRITE）
0	0	1	0	0	Data Bus→Port A
0	1	1	0	0	Data Bus→Port B
1	0	1	0	0	Data Bus→Port C
1	1	1	0	0	Data Bus→Control

2. 实训任务

PORT A 作为输出，PORT B 作为输入。开关量单元接输入，LED 显示单元接输出。

3. 接线图

接线图如图 I-3 所示。

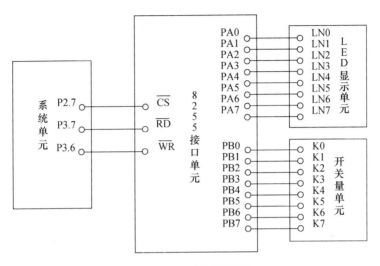

图 I-3 8255 扩展接线图

4. 源程序

```
        ORG   00H
        AJMP  MAIN
        ORG 30H
MAIN:   MOV   SP, #50H          ;设置堆栈
        MOV   DPTR, #7FFFH      ;控制寄存器地址
        MOV   A, #82H
        MOVX  @ DPTR, A
LOOP1:  MOV   DPTR, #7FFDH      ;端口 B 的地址
        MOVX  A, @ DPTR         ;读端口 B 的数据
        MOV   DPTR,#7FFCH       ;端口 A 的地址
        MOVX  @ DPTR, A         ;写端口 A
        AJMP  LOOP1
        END
```

（四）实训步骤

（1）按上述的接线图接好线路，输入程序，先编译通过。

（2）装载程序，进入调试状态。接下来全速运行，改变 K0～K7 的状态，观察 8 位 LED 的显示结果。

三、DS12C887 实时时钟模块

（一）实训目的

1. 掌握单片机系统与 DS12C887 的接口设计方法。
2. 熟悉 DS12C887 的编程方法。

（二）实训设备

RXMCU-3A 型单片机接口技术实训装置一套。2#防转实训导线若干，计算机一台。

（三）实训原理

系统译码的 Y0、Y1 接 DS12C887A 单元和 8255 单元，8255 单元的 PA、PB 口设置为输出，系统只使用 4 个静态数码管，显示分钟和秒。原理图如图 I-4 所示。

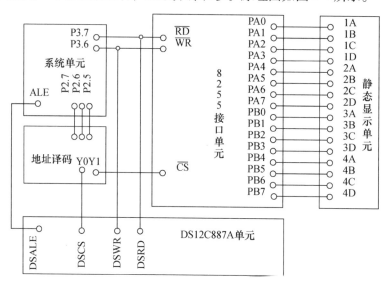

图 I-4　DS12C887 接线图

主要控制寄存器介绍如下。

DS12C887A 地址的 00H～0DH 和 32H 为时钟日历的时、分、秒、世纪，时、分、秒报警和控制寄存器位。0E～31H 和 33H～7FH 为内部 RAM 单元。

寄存器 A 的 UIP 位为 0 时表示更新不会在 244 微妙内发生；当 DV2、DV1、DV0 为010 时，晶振被打开，并允许开始计时；RS3、RS2、RS1、RS0 用于选择周期中断或输出方波频率。

寄存器 B 的 SET 位为 0，每秒计数一次，置 1 后，更新转换被禁止。DM 为 1 时选择二进制数据格式，DM 为 0 时选择 BCD 码格式。"12/24"为 1 时，选择 24 小时时间格式，反之为 12 小时时间格式。

更详细的内容请参考 RXMCU3A DATA SHEET 目录内的 DS12885—DS12C887A. PDF。

存储器分布如表 I-5 所示。

表 I-5 时间、日历、闹钟数据模式—BCD 模式（DM = 0）

ADDRESS	BIT7	BIT6	BIT5	BIT4	BIT3	BIT2	BIT1	BIT0	FUNCTION	RANGE
00H	0	10Seconds			Seconds			Seconds	Seconds	00～59
01H	0	10Seconds			Seconds			Seconds Alarm	Seconds Alarm	00～59
02H	0	10Minutes			Minutes			Minutes	Minutes	00～59
03H	0	10Minutes			Minutes			Minutes Alarm	Minutes Alarm	00～59
04H	AM/PM	0	0	10Hours	Hours			Hours	Hours	1～12 + AM/PM
	0		10Hours							00～23
05H	AM/PM	0	0	10Hours	Hours			Hours Alarm	Hours Alarm	1～12 + AM/PM
	0		10Hours							00～23
06H	0	0	0	0	0	Day		Day	Day	01～07
07H	0	0	10 Date		Date			Date	Date	01～31
08H	0	0	0	10Mcnths	Month			Month	Month	01～12
09H	10Years				Year			Year	Year	00～99
0AH	UIP	DV2	DV1	DV0	RS3	RS2	RS1	RS0	Control	—
0BH	SET	PIE	AIE	UIE	SQWE	DM	24/12	DSE	Control	—
0CH	IROF	PF	AF	UF	0	0	0	0	Control	—
0DH	VRT	0	0	0	0	0	0	0	Control	—
0EH-31H	X	X	X	X	X	X	X	X	RAM	—
32H	10Cenlury				Cenlury			Cenlury	Cenlury	00～99
33H-7FH	X	X	X	X	X	X	X	X	RAM	—

系统的接线按上面的接线图连接。

（四）实训源程序

源程序如下：

```
        ORG    0000H
        AJMP   MAIN
        ORG    30H
MAIN:   MOV    DPTR, #3FFFH
        MOV    A, #80H
```

```
        MOVX    @ DPTR, A              ;设置 8255 的 PA、PB 为输出方式
        MOV     DPTR,   #01FFAh
        MOVX    A,      @ DPTR
        ANL     A,      #70h
        CJNE    A,      #20h,  LLL2    ;判断晶振打开否?
        SJMP    LLL3
LLL2:   MOV     DPTR,   #01FFBh        ;.24 /12 =1,选 24 小时制
        MOV     a,      #82h
        MOVX    @ DPTR, a
        MOV     r0,     #06h
        MOV     DPTR,   #01FF0h        ;时分秒清零
        MOV     a,      #00h
LOOP:   MOVx    @ DPTR, a
        inc     DPTR
        djnz    r0,     LOOP
        MOV     a,      #27h
        MOVx    @ DPTR, a
        inc     DPTR
        MOV     a,      #5ah
        MOVx    @ DPTR, a
LLL3:   MOV     DPTR,   #01FFAh
        MOVx    a,      @ DPTR
        jnb     acc.7,  loop12
        MOV     r5,     #0dh
        djnz    r5,     $
LOOP12: MOV     DPTR,   #1FFBh
        MOV     a,      #5ah
        MOVX    @ DPTR, A              ;对寄存器 B 初始化
LOOP13: MOV     DPTR,   #1FF0h         ;读秒,分
        MOV     R1,     #60h
        MOV     R0,     #02h
LOOP11: MOVX    A,      @ DPTR
        MOV     @ R1, A
        INC     DPTR
        INC     DPTR
        djnz    r0,     loop11
        MOV     R1,     #60H
        MOV     DPTR,   #3FFCH
        MOV     A, @ R1
        MOVX    @ DPTR, Λ      ;通过 PA 口显示秒信号
        INC     R1
        MOV     A, @ R1
        MOV     DPTR,#3FFDH ;通过 PB 口显示分钟信号
        MOVX    @ DPTR, A
        AJMP    LOOP3
        END
```

四、十字路口交通灯实训

（一）实训目的

掌握单片机系统的并行输出及顺序时间控制的设计方法。

（二）实训设备

RXMCU-3A 型单片机接口技术实训装置一套。2#防转实训导线若干，计算机一台。

（三）实训原理

本实训利用 74LS273 驱动 4 个三色发光二极管。设计为红灯时间 20 秒，黄灯时间 5 秒，绿灯时间 20 秒。系统采用定时器定时 50ms，再计数 20 次作为秒信号。

（四）接线图

接线图如图 I-5 所示。

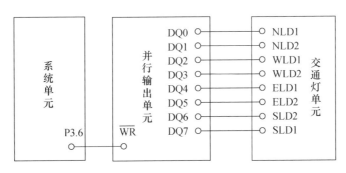

图 I-5　交通灯接线图

（五）实训步骤

按上面的接线图连好线路，输入下面的程序，经过编译后装载，全速运行。

源程序如下：

```
        ORG    0000H
        AJMP   30H
        ORG    0BH
        AJMP   TIM0
        ORG    30H
MAIN:   MOV    TMOD,#01H      ;设定定时器 0 为 16 位定时模式
```

```
        MOV    TL0, #0AFH
        MOV    TH0, #03CH        ;50ms 时间常数,12 MHz 的振荡频率
        SETB   TR0               ;打开定时器
        SETB   ET0
        SETB   EA
        MOV    R2, #0            ;秒计数器
        MOV    R3, #0            ;秒累加器
        MOV    DPTR, #0000H
        SJMP   $
TIM0:   CLR    TR0
        MOV    TL0, #0AFH
        MOV    TH0, #03CH
        SETB   TR0
        INC    R2
        CJNE   R2, #20, TIMND
        MOV    R2, #0            ;计数够 20 个 50 毫秒
        INC    R3
        CJNE   R3, #49, TIM1
        MOV    R3, #0            ;够一个循环,计数器清零
TIM1:   CJNE   R3, #19, TIM2
TIM2:   JNC    TIM3
        MOV    A, #69H
        MOVX   @ DPTR, A         ;南北方向红灯 20 秒
        AJMP   TIMND
TIM3:   CJNE   R3, #24, TIM4
TIM4:   JNC    TIM5
        MOV    A, #0FFH
        MOVX   @ DPTR, A         ;南北方向黄灯 5 秒
        AJMP   TIMND
TIM5:   CJNE   R3, #44, TIM6
TIM6:   JNC    TIM7
        MOV    A, #96H
        MOVX   @ DPTR, A         ;南北方向绿灯 20 秒
        AJMP   TIMND
TIM7:   CJNE   R3, #49, TIM8
TIM8:   JNC    TIM9
        MOV    A, #0FFH
        MOVX   @ DPTR, A         ;东西方向黄灯 5 秒
        AJMP   TIMND
TIM9:   NOP
TIMND:  RETI
        END
```

五、查询式键盘模块

(一) 实训目的

掌握单片机查询式键盘的设计方法。

（二）实训设备

RXMCU-3A 型单片机接口技术实训装置一套。2#防转实训导线若干，计算机一台。

（三）实训原理

查询式键盘一般应用于键盘数量不是很多，系统口线资源不紧张的条件下。它有着节省硬件电路，编程方便的特点。它的缺点是键盘的抖动要通过程序的延时进行判断处理。实际上很多单片机的小系统还是会采用这种方案的。

它的工作过程是这样的：利用单片机的 P1 口或 P3 口的双向口的输入功能，对 I/O 口进行读操作。P1、P3 口有内部上拉电阻。读入数据的那一位为"0"，就是这位对应的键按下。通过延时 10 ms 再次读取，就可以判断出来都有那些按键被按下。

（四）接线图

查询式键盘接线图如图 I-6 所示。

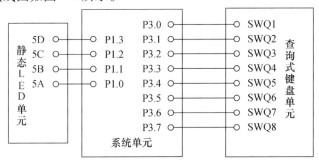

图 I-6　查询式键盘接线图

（五）实训步骤

按接线图连接线路。把系统的 P1.0～P1.3 接到静态显示单元的 5A、5B、5C、5D，P3.0～P3.7 接到查询式键盘的 SWQ1～SWQ8。输入下面的程序，经过编译，装载后全速运行。程序实现的功能：SWQ1～SWQ8 定义为数字 0～7，那个键按下，静态数码管就显示对应的按键号，前一个按键号被取消。

（六）源程序

源程序如下：

```
        ORG     0000H
        AJMP    MAIN
        ORG     30H
MAIN:   MOV     SP,#60H
LOOP1:  ORL     P3,#0FFH
        MOV     A,P3
```

```
                JB          ACC.0, LOOP2
                CALL        DL10MS
                MOV         P1, #0
                AJMP        LOOP1
    LOOP2:      JB          ACC.1, LOOP3
                CALL        DL10MS
                MOV         P1, #1
                AJMP        LOOP1
    LOOP3:      JB          ACC.2, LOOP4
                CALL        DL10MS
                MOV         P1, #2
                AJMP        LOOP1
    LOOP4:  JB      ACC.3, LOOP5
                CALL        DL10MS
                MOV         P1, #3
                AJMP        LOOP1
    LOOP5:  JB      ACC.4, LOOP6
                CALL        DL10MS
                MOV         P1, #4
                AJMP        LOOP1
    LOOP6:      JB          ACC.5, LOOP7
                CALL        DL10MS
                MOV         P1, #5
                AJMP        LOOP1
    LOOP7:      JB          ACC.6, LOOP8
    CALL        DL10MS
    MOV         P1, #6
    AJMP        LOOP1
    LOOP8:      JB          ACC.7, LOOP9
                CALL        DL10MS
                MOV         P1, #7
                AJMP        LOOP1
    LOOP9:      AJMP        LOOP1
    DL10MS:     MOV         R2, #40H
    DL2:        MOV         R3, #0FFH
                DJNZ        R3,   DJNZ   R2, DL2
                RET
                END
```

（七）思考题

上面程序只是做了抖动延时，没有做键盘是否弹起的判断，要达到这个功能，你该怎么修改上面的程序？

六、4×6矩阵键盘模块

（一）实训目的

掌握矩阵键盘的键值读取方法。

（二）实训设备

RXMCU-3A 型单片机接口技术实训装置一套。2#实训导线若干，计算机一台。

（三）实训原理

矩阵键盘由行和列组成，按键设置在行列的交点上，它的按键数是行数和列数的乘积，所用口线数是行数和列数的和。因此，一个 4×4 的矩阵键盘用 8 个 I/O 口，有 16 个按键，一个 4×6 的矩阵键盘用 10 个 I/O 口，有 24 个键盘。

本实训以 4×4 键盘为例，"行线"通过上拉电阻接 P1 口的 P1.0～P1.3，"列线"接到 P1 口的 P1.4～P1.7。由于行线接上拉电阻，因此没有键按下时，行线为高电平。

1. 键盘按键的判断

把"列线"的所有 I/O 口设置为低电平，然后将行线电平状态读入累加器 A 中。当有按键键按下时，行线输出不全为 1。

键盘中哪个键按下是由"列线"逐列设置为低电平后，检查行线输入状态来判断的。其方法是：依次给列线送低电平，然后检查行线的状态。若行线状态全为 1，则所按下的键不在本列；如果不全为 1，则按下的键在此列，而且是在与 0 电平行线相交的交点上的那个按键。

2. 键盘工作方式

键盘工作方式一般由三种：编程扫描方式、定时扫描方式和中断扫描方式。

编程扫描方式是利用 CPU 的空余时间调用键盘扫描子程序，来查询键的输入。在执行键功能时不再响应键盘输入要求。

定时扫描工作方式是利用单片机的定时器产生定时中断（一般 10 ms），CPU 响应定时中断后对键盘进行扫描，有按键按下时转入键功能程序。它的硬件电路和编程扫描方式一样。

中断工作方式与它们的区别在于当有按键按下时，CPU 产生外部中断。进入外部中断后进行键盘扫描。

3. 键盘去抖动的原理

键盘去抖动一般有两种方式，一是先判断键盘有无按下，有的话延时 10 ms 左右，再次读键盘。有键按下，进行键的判断以及执行键盘功能处理程序，没有键按下，则为抖动，不进行判断。二是利用定时方式进行抖动处理。单片机刚上电的时候，设两个标志为 KM、KP。当键盘有键按下时，先检查 KM 标志，KM = 0，表示尚未作去抖动处理，此时 KM 置 1，中断返回。再次进入中断时，KM = 1、KP = 0。这时要进行键的判别，键盘判别处理后 KP 置 1。在主程序循环中判断 KP 的值，KP 为 1，进入键的功能处理程序。执行完毕，KM、KP 清零。

（四）接线图

矩阵键盘接线图如图 I-7 所示。

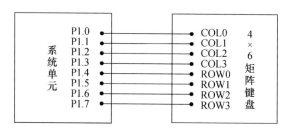

图 I-7　矩阵键盘接线图

（五）实训内容

本程序完成矩阵键盘的按键处理功能，键盘定义为 0～F 的 16 个数字键，每输入一个数字，把它放到 30H～33H 中的 33H 位，其他依次左移，最高位溢出。

键盘电路的 COL 为输入，ROW 为输出。

程序如下：

```
            KM    BIT    01H
            KP    BIT    02H
            ORG    0000H
            AJMP   MAIN
            ORG    1BH
            AJMP   TMR1
            ORG    30H
MAIN:       MOV    SP,    #60H
            MOV    TMOD,  #10H
            MOV    TH1,   #0EFH
            MOV    TL1,   #0B8H
            SETB   TR1
            SETB   ET1
            SETB   EA
            CLR    00H
            CLR    01H
            CLR    02H
LP01:       JNB    KP,    $
CLR         KM
            CLR    KP
            CJNE   R5,    #0,LP01
            MOV    A,     31H
            MOV    30H,   A
            MOV    A,     32H
            MOV    31H,   A
            MOV    A,     33H
            MOV    32H,   A
```

```
            MOV     33H,     B
            AJMP    LP01
TMR1:       PUSH    PSW
            CLR     TR1
            MOV     TH1,     #0EFH
            MOV     TL1,     #0B8H        ;40Hz 刷新速度/4167 μs
            SETB    TR1
TEST:       CPL     00H
            JNB     00H, KEY0
            AJMP    KEYEND
KEY0:       ACALL   KEYUP
            JNZ     KEY1
            JNB     KM, KEY01
            CLR     KM
KEY01:      AJMP    KEYEND
KEY1:       JB      KM, KEY2
            SETB    KM
            AJMP    KEYEND
KEY2:       JB      KP, KEY3
            SETB    KP
            AJMP    LK2
KEY3:       AJMP    KEYEND
LK2:        MOV     R2, #0FEH            ;首列扫描字放入 R2
            MOV     R4, #00H             ;首列号放入 R4
LK4:        MOV     A, R2
            MOV     P1, A                ;列扫描字送至 P1 口
            ORL     P1,#0F0H
            MOV     A,P1                 ;通过 P1 口读入行的状态
            JB      ACC.0, ROW1
            MOV     A, #00H
            AJMP    LKP
ROW1:       JB      ACC.1, ROW2
            MOV     A, #04H
            AJMP    LKP
ROW2:       JB      ACC.2, ROW3
            MOV     A, #08H
            AJMP    LKP
ROW3:       JB      ACC.3, NEXT
            MOV     A, #0CH
LKP:        ADD     A, R4
            MOV     B, A
LK3:        ACALL   KEYUP
            INC     R5
            CJNE    R5,#08H,LK5
LK5:        AJMP    KEYEND
NEXT:       INC     R4
            MOV     A, R2
            JNB     ACC.3, KEYEND
            RL      A
            MOV     R2, A
            AJMP    LK4
KEYEND:POP  PSW
```

```
                RETI
    KEYUP:  MOV    A, #0F0H
            MOV    P1, A
            ORL    P1, #0F0H
            MOV    A, P1
            CPL    A
            ANL    A, #0FH
            RET
            END
```

（六）实训步骤

（1）按接线图接好线路。

（2）把程序输入后进行编译，装载目标程序。

（3）开始调试，单步执行程序，同时依次按下几个数字键，观察30H～33H内容的变化。

（七）思考题

请对上面的程序进行修改，做一个4×6的键盘输入程序。

七、静态数码管模块

（一）实训目的

掌握单片机系统与静态数码管的接口设计方法。

（二）实训设备

RXMCU-3A型单片机接口技术实训装置一套。2#防转实训导线若干，计算机一台。

（三）实训原理

静态数码管有控制简单的特点，在比较简单或对功耗要求不严的地方有所应用。它有两种比较常用驱动方法：一是直接用单片机的8位I/O口驱动一个数码管；二是利用单片机的4个I/O口和静态驱动芯片如CD4511连接，采用BCD码输入的方法来驱动一位LED数码管。本实训利用P1口的8根I/O口，通过CD4511驱动两位静态数码管。

（四）接线图

接线图如图I-8所示。

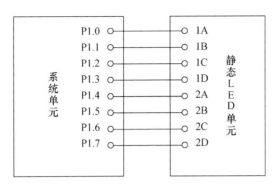

图 I-8 静态数码管接线图

（五）实训步骤

（1）按接线图接好线路。

（2）把程序输入后进行编译，装载目标程序。

（3）开始调试，按 F9 键全速执行程序，观察 LED 显示内容的变化。

（六）源程序

源程序如下：

```
            ORG 00H
            AJMP    30H
            ORG   30H
            MOV     SP,#60H
            CLR     A
LOOP:       ADD     A,#01
            DA      A
            MOV     P1,A
            CALL    DL1S
            AJMP    LOOP
DL1S:       MOV     R2,#05H
DLS1:       MOV     R3,#0FFH
DLS2:       MOV     R4,#0FFH
            DJNZ    R4,DJNZ  R3,DLS2
            DJNZ    R2,DLS1
            RET
            END
```

八、六位数码管动态显示实训

（一）实训目的

掌握单片机系统与动态数码管的接口设计方法。

（二） 实训设备

RXMCU-3A 型单片机接口技术实训装置一套。2#防转实训导线若干，计算机一台。

（三） 实训原理

动态显示电路有节省 I/O 口和器件、省电的特点。一个 6 位的静态数码显示电路需要有 6 片锁存器，48 只电阻，最大需要 480 mA 的电流。而同样亮度的 6 位动态数码电路只需要两个驱动芯片，8 只电阻，最大需要 120 mA 的工作电流。因此，它比静态电路明显优越。

动态显示电路的显示原理是：各个数码管的 8 位段码相连。位控制线分时导通，6 位数码管轮流显示。利用人眼的视觉暂留的现象，实现视觉上的同时点亮的效果。

（四） 接线图

接线图如图 I-9 所示。

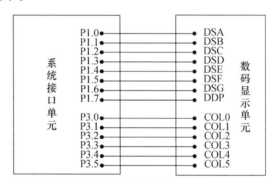

图 I-9　动态数码管接线图

（五） 实训内容及实训步骤

本实训程序采用定时扫描的方式，每位显示时间位 4 ms。定时功能由单片机的定时器 1 完成。显示的数据存放在 30H、31H、32H、33H 、34H、35H 6 个单元中。本电路数码管为共阴数码管，段驱动为低电平有效。

```
          ORG   0000H
          AJMP  MAIN
          ORG   1BH
          AJMP  TMR1
          ORG   30H
MAIN:     MOV   TMOD, #10H
          MOV   TH1, #0EFH
          MOV   TL1, #0B8H        ;4.17ms
          SETB  TR1
          SETB  ET1
          SETB  EA
          MOV   R0, #30H
```

```
              MOV    R3,#00H
              SJMP   $
TMR1:         PUSH   PSW
              CLR    TR1
              MOV    TH1,#0EFH
              MOV    TL1,#0B8H
              SETB   TR1
              CJNE   R3,#00H,LOOP1
              MOV    A,@R0
              MOV    DPTR,#TAB
              MOVC   A,@A+DPTR
              MOV    P1,A
              MOV    A,#11111110B ;
              MOV    P3,A
              INC    R3
              INC    R0
              AJMP   LOOP6
LOOP1:        CJNE   R3,#01H,LOOP2
              MOV    A,@R0 ;
              MOV    DPTR,#TAB
              MOVC   A,@A+DPTR
              MOV    P1,A
              MOV    A,#11111101B ;
              MOV    P3,A
              INC    R3
              INC    R0
              AJMP   LOOP6
LOOP2:        CJNE   R3,#02H,LOOP3
              MOV    A,@R0 ;
              MOV    DPTR,#TAB
              MOVC   A,@A+DPTR
              MOV    P1,A
              MOV    A,#11111011B ;
              MOV    P3,A
              INC    R3
              INC    R0
              AJMP   LOOP6
LOOP3:        CJNE   R3,#03H,LOOP4
              MOV    A,@R0 ;
              MOV    DPTR,#TAB
              MOVC   A,@A+DPTR
              MOV    P1,A
              MOV    A,#11110111B ;
              MOV    P3,A
              INC    R3
              INC    R0
              AJMP   LOOP6
LOOP4:        CJNE   R3,#04H,LOOP5
              MOV    A,@R0 ;
              MOV    DPTR,#TAB
              MOVC   A,@A+DPTR
              MOV    P1,A
```

```
                    MOV     A,#11101111B ;
                    MOV     P3, A
                    INC     R3
                    INC     R0
                    AJMP    LOOP6
        LOOP5:      CJNE    R3, #05H, LOOP6
                    MOV     A,@ R0 ;
                    MOV     DPTR, #TAB
                    MOVC    A,@ A + DPTR
                    MOV     P1, A
                    MOV     A,#11011111B ;
                    MOV     P3, A
                    MOV     R3,#00H
                    MOV     R0,#30H
        LOOP6:      POP     PSW
                    RETI
        TAB:        DB 3FH,06H,5BH,4FH,66H,6DH,7DH,07H,7FH,6FH,77H,7CH,39H,5EH,
                    79H,71H
                    END
```

（六）实训步骤

（1）按上述的接线图接好线路，输入程序，先编译通过。

（2）装载程序，进入调试状态。把 30H、31H、32H、33H、34H、35H 分别写入 1、2、3、4、5、6 等几个数，单步运行，观察显示的正确性。接下来全速运行，观察它的动态效果。

（3）停止程序的运行，减小 TH1 的值，重新编译，装载运行，观察动态显示的效果。

九、汉字点阵模块

（一）实训目的

1. 掌握汉字点阵的设计方法。
2. 了解汉字字模的提取方法。

（二）实训设备

RXMCU-3A 型单片机接口技术实训装置一套。2#防转实训导线若干，计算机一台。

（三）实训原理

每个 8×8 点阵汉字是由 8 行和 8 列组成的，本电路的两个 16×16 点阵的汉字是由 16 行 32 列组成的。由于直接使用单片机的 I/O 口太浪费口线资源，况且 51 系列的单片机也没有这么多的口线，因此采用串并转换的芯片 74HC595 和 ULN2803 驱动芯片组成汉字点阵的驱动电路。本驱动电路是大屏幕 LED 屏的基本电路，具有一定的实用性。

（四）接线图

接线图如图 I-10 所示。

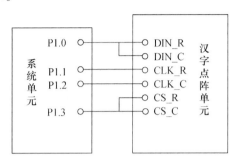

图 I-10   汉字点阵接线图

（五）源程序

源程序如下：

```
;32*16点(2个汉字)LED汉字点阵显示程序
;本程序显示2个固定的汉字
;汉字点阵采用横向取模方式
;采用定时模式,定时器0中断
;刷新率41.6Hz
;接线方式:
;P1.0 <---->  DIN_R & DIN_C
;P1.1 <---->  CLK_R
;P1.2 <---->  CLR_C
;P1.3 <---->  CS_R & CS_CP

            DIN    BIT   P1.0
            CLK1   BIT   P1.1
            CLK2   BIT   P1.2
            CS     BIT   P1.3
            ORG    00H
            AJMP   30H
            ORG    0BH
            LJMP   TIM0

            ORG    30H
            MOV    30H,#000H
            MOV    31H,#000H
            CALL   SHFTROW
            mov r7,#0               ;行计数器
            MOV    30H,#80H
            MOV    31H,#00H
            MOV    SP,#60H
```

```
           MOV    TMOD,#01H ;定时器模式1(16位定时模式)
           MOVTH0,#0FAH
           MOV    TL0,#023H      ;12MHz晶振的条件下,定时时间为1.5ms
           SETB   TR0            ;显示刷新率41.6Hz
           SETB   ET0            ;定时器0中断打开
           SETB   EA
           SJMP   $
    TIM0:
           CLR    TR0
           MOV    TH0,#0FAH
           MOV    TL0,#023H      ;12MHz晶振的条件下,定时时间为1.5ms
           SETB   TR0            ;显示刷新率41.6Hz
           CALL   SHFTROW        ;送行数据
           CALL   SHFTCOL        ;送列数据
           CLR    CS
           NOP
           SETB   CS             ;锁存显示数据
           INC    R7
           CJNE   R7,#16,SEND1
           MOV    R7,#0          ;够16行,置计数初始值和行控制初始值
           MOV    30H,#80H
           MOV    31H,#00H
    SEND1: RETI

    SHFTROW:
           MOV    A,31H
           MOV    R6,#08H
    SHRW1: RRC    A
           CLR    CLK1
           MOV    DIN,C
           SETB   CLK1
           DJNZ   R6,SHRW1
           MOV    A,30H
           MOV    R6,#8
    SHRW2: RRC    A
           CLR    CLK1
           MOV    DIN,C
           SETB   CLK1
           DJNZ   R6,SHRW2
           CLR  C
           MOV    A,30H          ;移位行数据一位
           RRC    A
           MOV    30H,A
           MOV    A,31H
           RRC    A
           MOV    31H,A
           RET
    shftcol: MOV  DPTR,#TABHZ    ;点阵的首地址
           MOV    A,R7           ;点阵的行数
           RL     A
           ADD    A,#1           ;每个汉字的每行的末字节
           ADD    A,#32          ;第二个汉字的偏移量
```

```
      ADD    A,DPL
      MOV    DPL,A
      MOV    A,DPH
      ADDC   A,#0
      MOV    DPH,A
  CLR A
      MOVC   A,@ A + DPTR
      MOV    R6,#8
      CALL   SHFT              ;送第二个汉字的每行的末字节数据
      MOV    DPTR,#TABHZ       ;点阵的首地址
      MOV    A,R7              ;点阵的行数
      RL     A
      ADD    A,#0              ;每个汉字的每行的末字节
      ADD    A,#32             ;第二个汉字的偏移量
      ADD    A,DPL
      MOV    DPL,A
      MOV    A,DPH
      ADDC   A,#0
      MOV    DPH,A
  CLR  A
      MOVC   A,@ A + DPTR
      MOV    R6,#8
      CALL   SHFT             ;送第二个汉字的每行的首字节数据

      MOV    DPTR,#TABHZ      ;点阵的首地址
      MOV    A,R7             ;点阵的行数
      RL     A
      ADD    A,#1             ;每个汉字的每行的末字节
      ADD    A,DPL
      MOV    DPL,A
      MOV    A,DPH
      ADDC   A,#0
      MOV    DPH,A
  CLR  A
      MOVC   A,@ A + DPTR
      MOV    R6,#8
      CALL   SHFT             ;送第一个汉字的每行的末字节数据

      MOV    DPTR,#TABHZ      ;点阵的首地址
      MOV    A,R7             ;点阵的行数
      RL     A
      ADD    A,#0             ;每个汉字的每行的首字节
      ADD    A,DPL
      MOV    DPL,A
      MOV    A,DPH
      ADDC   A,#0
      MOV    DPH,A
  CLR  A
      MOVC   A,@ A + DPTR
      MOV    R6,#8
      CALL   SHFT             ;送第一个汉字的每行的首字节数据
      RET
```

```
        SHFT:  CLRCLK2              ;移位子程序
               RRC    A
               MOV    DIN,C
               SETB   CLK2
               DJNZ   R6,SHFT
               RET
               ORG    200H
        TABHZ:
               DB     11H,00H,11H,00H,11H,00H,23H,0FCH;
               DB     22H,04H,64H,08H,0A8H,40H,20H,40H
               DB     21H,50H,21H,48H,22H,4CH,24H,44H
               DB     20H,40H,20H,40H;21H,40H,20H,80H
               DB     10H,00H,11H,0FCH,10H,04H,10H,08H
               DB     0FCH,10H,24H,20H,24H,24H,27H,0FEH
               DB     24H,20H,44H,20H,28H,20H,10H,20H
               DB     28H,20H,44H,20H,84H,0A0H,00H,40H
               END
```

（六）实训步骤

（1）首先按接线图连接好线路，其中汉字点阵单元的 DIN_R 和 DIN_C 直接相连，并且与系统的 P1.0 相连；CS_R 和 CS_C 直接相连，最后和系统的 P1.3 相连。

（2）输入源程序，编译并装载程序。全速运行。观察显示结果。

（七）思考题

（1）请修改点阵的内容，显示你想要显示的内容。注意：要采用横向取模的方式提取汉字字模。汉字点阵提取程序可以从随机附带的光盘中复制出来运行，也可以从网络上下载程序安装运行。

（2）请设计一个上下滚动或左右移动的汉字显示程序。

十、128×64 LCD 液晶显示模块

（一）实训目的

掌握单片机系统与 LCD 液晶显示器的接口设计方法。

（二）实训设备

RXMCU-3A 型单片机接口技术实训装置一套。2 号实训导线若干，计算机一台。

（三）接线图

接线图如图 I-11 所示。

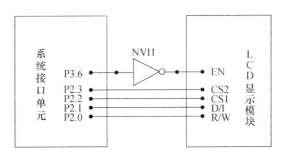

图 I-11　LCD 接线图

（四）模块资料

1. 模块的外部接口

模块的外部接口信号如表 I-6 所示。

表 I-6　模块外部信号说明

引脚号	引脚名称	LEVER	引脚功能描述
1	VSS	0V	电源地
2	VDD	5.0V	电源电压
3	V0	5.0V－（－10V）	液晶显示器驱动电压
4	D/I	H/L	H：显示数据 L：显示指令数据
5	R/W	H/L	H：读数据 L：写数据
6	E	H/L	R/W＝H，E＝H，数据被读到 DB7～DB0 R/W＝L，E＝H→L，DB7～DB0 的数据写到 IR 或 DR
7	DB0	H/L	数据总线
8	DB1	H/L	数据总线
9	DB2	H/L	数据总线
10	DB3	H/L	数据总线
11	DB4	H/L	数据总线
12	DB5	H/L	数据总线
13	DB6	H/L	数据总线
14	DB7	H/L	数据总线
15	CS1	H	选择 IC1，即选择后（右）64 列
16	CS2	H	选择 IC2，即选择前（左）64 列
17	RST	L	复位控制信号，RST＝0 有效
18	VEE	－	若自带负压，则不接；反之接－10V
19	VLBA	5.0V	背光源接口，接 5V 电源
20	VLBK	0	背光源接口，接地

2. 指令说明

模块指令说明如表 I-7 所示。

表 I-7　指令表

指令	指令码										功能
	R/W	D/I	DB7	DB6	DB5	DB4	DB3	DB2	DB1	DB0	
显示 ON/OFF	0	0	0	0	1	1	1	1	1	1/0	控制显示器的开关，不影响 DDRAM 中数据和内部状态
显示起始行	0	0	1	1	显示起始行（0～63）						指定显示屏从 DDRAM 中那一行开始显示数据
设置 X 地址	0	0	1	0	1	1	1	X：0～7			设置 DDRAM 中的页地址（X 地址）
设置 Y 地址	0	0	0	1	Y 地址（0～63）						设置列地址（Y 地址）
读状态	1	0	BUSY	0	ON/OFF	RESET	0	0	0	0	读取状态 RST　1：复位；0：正常 ON/OFF　1：显示开；0 显示关 BUSY　1：内部操作；0：准备就绪
写显示数据	0	1	显示数据								将数据线上的数据 DB0～DB7 写入 DDRAM
读显示数据	1	1	显示数据								从 DDRAM 将数据读到数据总线 DB0～DB7

1）显示开关控制（Display ON/OFF）。

代码	R/W	D/I	DB7	DB6	DB5	DB4	DB3	DB2	DB1	DB0
形式	D	0	0	0	0	1	1	1	1	1

D=1：开显示（Display ON）显示屏可以进行各种显示操作。

D=0：关显示（Display OFF）显示屏不可以进行各种显示操作。

（2）设置显示起始行（Display Start Line）。

代码	R/W	D/I	DB7	DB6	DB5	DB4	DB3	DB2	DB1	DB0
形式	0	0	1	1	A5	A4	A3	A2	A1	A0

前面在 Z 地址计数器一节已经描述了显示起始行是由 Z 地址计数器控制的。

A5～A0 6 位地址自动送入 Z 地址计数器，起始行的地址可以是 0～63 的任意一行。

例如，选择 A5～A0 是 62，则起始行与 DDRAM 行的对应关系如下：

DDRAM 行：62　63　0　1　2　3······················28　29

屏幕显示行：1　2　3　4　5　6·····················31　32

（3）设置页地址（Set Page Address）。

代码	R/W	D/I	DB7	DB6	DB5	DB4	DB3	DB2	DB1	DB0
形式	0	0	1	0	1	1	1	A2	A1	A0

所谓页地址就是 DDRAM 的行地址，8 行为一页，模块共 64 行即 8 页，A2～A0 表示 0～7 页。读写数据对页地址没有影响，页地址由本指令或 RST 信号改变复位后页地址为 0。页地址与 DDRAM 的对应关系见 DDRAM 地址表（见表 I-8）。

表 I-8　DDRAM 地址表

	CS2=1							CS1=1							行号
Y=	0	1	2	3	···	62	63	0	1	2	3	···	62	63	
X=0	DB0 ↓ DB7		DB0 ↓ DB7		DB0 ↓ DB7		DB0 ↓ DB7		DB0 ↓ DB7		DB0 ↓ DB7				0 ↓ 7
↓	DB0 ↓ DB7		DB0 ↓ DB7		DB0 ↓ DB7		DB0 ↓ DB7		DB0 ↓ DB7		DB0 ↓ DB7				8 ↓ 55
X=7	DB0 ↓ DB7		DB0 ↓ DB7		DB0 ↓ DB7		DB0 ↓ DB7		DB0 ↓ DB7		DB0 ↓ DB7				56 ↓ 63

（4）设置 Y 地址（Set Address）。

代码	R/W	D/I	DB7	DB6	DB5	DB4	DB3	DB2	DB1	DB0
形式	0	0	0	1	A5	A4	A3	A2	A1	A0

此指令的作用是将 A5～A0 送入 Y 地址计数器，作为 DDRAM 的 Y 地址指针。在对 DDRAM 进行读/写操作后，Y 地址指针自动加 1，指向下一个 DDRAM 单元。

（5）读状态（Status Read）。

代码	R/W	D/I	DB7	DB6	DB5	DB4	DB3	DB2	DB1	DB0
形式	1	0	BF	0	ON/OFF	RET	0	0	0	0

当 R/W = 1、D/I = 0 时，在 E 信号为"H"的作用下，状态分别输出到数据总线（DB7～DB0）的相应位。

BF：前面已叙述过（见 BF 标志位一节）。

ON/OFF：表示 OFF 触发器的状态（见 DFF 触发器一节）。

RST：RST = 1 表示内部正在初始化，此时组件不接受任何指令和数据。

（6）写显示数据（Write Display Date）。

代码	R/W	D/I	DB7	DB6	DB5	DB4	DB3	DB2	DB1	DB0
形式	0	1	D7	D6	D5	D4	D3	D2	D1	D0

D7～D0 为显示数据，此指令把 D7～D0 写入相应的 DDRAM 单元，Y 地址指针自动加 1。

（7）读显示数据（Read Display Data）。

代码	R/W	D/I	DB7	DB6	DB5	DB4	DB3	DB2	DB1	DB0
形式	1	1	D7	D6	D5	D4	D3	D2	D1	D0

此指令把 DDRAM 的内容 D7～D0 读到数据总线 DB7～DB0，Y 地址指针自动加 1。

（五）实训步骤

（1）按接线图接线，按"RESET"键对显示器进行复位。

（2）调节显示模块的 VR1 进行对比度的调节，看到背景即可。

（3）输入程序，编译通过后装载程序并全速运行，观察显示结果。

（六）源程序

源程序如下（备注：汉字点阵的提取用光盘里的 LcdConvert. EXE 提取汉字点阵）：

```
ROWCNT   EQU  32H ;
COLCNT   EQU  33H ;
HZCNT    EQU  34H
DPHTMP   EQU  35H ;
```

```
          DPLTMP   EQU  36H  ;
          CMD      EQU  30H
          DAT      EQU  31H
          ORG      00H
          AJMP         30H
          ORG      30H
          MOV          SP,#60H
          MOV          R0,#7FH
          CLR      A
RAMCLR:MOV           @R0,A
          DJNZ         R0,RAMCLR
          MOV          CMD,#03EH        ;关显示屏
          ACALL        OUTI0
          ACALL        OUTI1
          MOV          CMD,#0C0H        ;显示起始行为第一行
          ACALL        OUTI0
          ACALL        OUTI1
          MOV          CMD,#03FH        ;开显示屏
          ACALL        OUTI0
          ACALL        OUTI1

LOOP0:    MOV          ROWCNT,#0        ;汉字的行数0
          MOV          COLCNT,#0        ;汉字的列数0
          MOV          HZCNT,#0
      CALL    SENDXY
          CALL    DL1S
      MOV          ROWCNT,#0        ;汉字的行数0
          MOV          COLCNT,#1        ;汉字的列数1
          MOV          HZCNT,#0
      CALL    SENDXY
      CALL    DL1S
      MOV          ROWCNT,#0        ;汉字的行数0
          MOV          COLCNT,#2        ;汉字的列数2
          MOV          HZCNT,#0
      HCALL   SENDXY
      CALL    DL1S
      MOV          ROWCNT,#0        ;汉字的行数0
          MOV          COLCNT,#3        ;汉字的列数3
          MOV          HZCNT,#0
          CALL    SENDXY
          CALL    DL1S
          MOV          ROWCNT,#0        ;汉字的行数0
          MOV          COLCNT,#4        ;汉字的列数4
          MOV          HZCNT,#0
          CALL    SENDXY
          CALL    DL1S
          MOV          ROWCNT,#0        ;汉字的行数0
          MOV          COLCNT,#5        ;汉字的列数5
          MOV          HZCNT,#0
          CALL    SENDXY
          CALL    DL1S
          MOV          ROWCNT,#0        ;汉字的行数0
```

```
MOV          COLCNT,#6        ;汉字的列数 6
MOV          HZCNT,#0
CALL         SENDXY
CALL         DL1S
MOV          ROWCNT,#0        ;汉字的行数 0
MOV          COLCNT,#7        ;汉字的列数 7
MOV          HZCNT,#0
CALL         SENDXY
CALL         DL1S
MOV          ROWCNT,#1        ;汉字的行数 1
MOV          COLCNT,#0        ;汉字的列数 0
MOV          HZCNT,#0
CALL         SENDXY
CALL         DL1S
MOV          ROWCNT,#1        ;汉字的行数 1
MOV          COLCNT,#1        ;汉字的列数 1
MOV          HZCNT,#0
CALL         SENDXY
CALL         DL1S
MOV          ROWCNT,#1        ;汉字的行数 1
MOV          COLCNT,#2        ;汉字的列数 2
MOV          HZCNT,#0
CALL         SENDXY
CALL         DL1S
MOV          ROWCNT,#1        ;汉字的行数 1
MOV          COLCNT,#3        ;汉字的列数 3
MOV          HZCNT,#0
CALL         SENDXY
CALL         DL1S
MOV          ROWCNT,#1        ;汉字的行数 1
MOV          COLCNT,#4        ;汉字的列数 4
MOV          HZCNT,#0
CALL         SENDXY
CALL         DL1S
MOV          ROWCNT,#1        ;汉字的行数 1
MOV          COLCNT,#5        ;汉字的列数 5
MOV          HZCNT,#0
CALL         SENDXY
CALL         DL1S
MOV          ROWCNT,#1        ;汉字的行数 1
MOV          COLCNT,#6        ;汉字的列数 6
MOV          HZCNT,#0
CALL         SENDXY
CALL         DL1S
MOV          ROWCNT,#1        ;汉字的行数 1
MOV          COLCNT,#7        ;汉字的列数 7
MOV          HZCNT,#0
CALL         SENDXY
CALL         DL1S
MOV          ROWCNT,#2        ;汉字的行数 2
MOV          COLCNT,#0        ;汉字的列数 0
MOV          HZCNT,#0
```

```
CALL      SENDXY
CALL      DL1S
MOV       ROWCNT,#2        ;汉字的行数 2
MOV       COLCNT,#1        ;汉字的列数 1
MOV       HZCNT,#0
CALL      SENDXY
CALL      DL1S
MOV       ROWCNT,#2        ;汉字的行数 2
MOV       COLCNT,#2        ;汉字的列数 2
MOV       HZCNT,#0
CALL      SENDXY
CALL      DL1S
MOV       ROWCNT,#2        ;汉字的行数 2
MOV       COLCNT,#3        ;汉字的列数 3
MOV       HZCNT,#0
CALL      SENDXY
CALL      DL1S
MOV       ROWCNT,#2        ;汉字的行数 2
MOV       COLCNT,#4        ;汉字的列数 4
MOV       HZCNT,#0
CALL      SENDXY
CALL      DL1S
MOV       ROWCNT,#2        ;汉字的行数 2
MOV       COLCNT,#5        ;汉字的列数 5
MOV       HZCNT,#0
CALL      SENDXY
CALL      DL1S
MOV       ROWCNT,#2        ;汉字的行数 2
MOV       COLCNT,#6        ;汉字的列数 6
MOV       HZCNT,#0
CALL      SENDXY
CALL      DL1S
MOV       ROWCNT,#2        ;汉字的行数 2
MOV       COLCNT,#7        ;汉字的列数 7
MOV       HZCNT,#0
CALL      SENDXY
CALL      DL1S
MOV       ROWCNT,#3        ;汉字的行数 3
MOV       COLCNT,#0        ;汉字的列数 0
MOV       HZCNT,#0
CALL      SENDXY
CALL      DL1S
MOV       ROWCNT,#3        ;汉字的行数 3
MOV       COLCNT,#1        ;汉字的列数 1
MOV       HZCNT,#0
CALL      SENDXY
CALL      DL1S
MOV       ROWCNT,#3        ;汉字的行数 3
MOV       COLCNT,#2        ;汉字的列数 2
MOV       HZCNT,#0
CALL      SENDXY
CALL      DL1S
```

```
        MOV        ROWCNT,#3        ;汉字的行数 3
        MOV        COLCNT,#3        ;汉字的列数 3
        MOV        HZCNT,#0
        CALL       SENDXY
        CALL       DL1S
        MOV        ROWCNT,#3        ;汉字的行数 3
        MOV        COLCNT,#4        ;汉字的列数 4
        MOV        HZCNT,#0
        CALL       SENDXY
        CALL       DL1S
        MOV        ROWCNT,#3        ;汉字的行数 3
        MOV        COLCNT,#5        ;汉字的列数 5
        MOV        HZCNT,#0
        CALL       SENDXY
        CALL       DL1S
        MOV        ROWCNT,#3        ;汉字的行数 3
        MOV        COLCNT,#6        ;汉字的列数 6
        MOV        HZCNT,#0
        CALL       SENDXY
        CALL       DL1S
        MOV        ROWCNT,#3        ;汉字的行数 3
        MOV        COLCNT,#7        ;汉字的列数 7
        MOV        HZCNT,#0
        CALL       SENDXY
        CALL       DL1S
        AJMP       LOOP0
SENDXY: MOV        DPHTMP,#01H
        MOV        DPLTMP,#00H      ;每行汉字的字节数为 100H 字节
        MOV        B,ROWCNT
        MOV        A,DPLTMP
        MUL        AB
        MOV        DPLTMP,A
        MOV        A,DPHTMP
        MOV        DPHTMP,B
        MOV        B,ROWCNT
        MUL        AB
        ADD        A,DPHTMP
        MOV        DPHTMP,A         ;计算行的首地址
        MOV        A,COLCNT
        MOV        B,#32
        MUL        AB
        ADD        A,DPLTMP         ;计算字的首地址
        MOV        DPLTMP,A
        MOV        A,B
        ADDC       A,DPHTMP         ;计算得出每个汉字的首字节的偏移量
        MOV        DPHTMP,A
        MOV        DPTR,#TABHZ
        MOV        A,DPL
        ADD        A,DPLTMP
        MOV        DPL,A
        MOV        A,DPH
        ADDC       A,DPHTMP         ;计算出每个汉字的首字节的地址
```

```
            MOV     DPH,A
            MOV     A,ROWCNT
            RL      A              ;汉字的行数＊2为X地址
            ORL     A,#0B8H
            MOV     CMD,A
            MOV     A,COLCNT
            CJNE    A,#4,SNDIL0
SNDIL0:     JNC     SNDIL1
            CALL    OUTI0          ;显示的行位置
    AJMP    SNDIL2
SNDIL1:     CALL    OUTI1
SNDIL2:     MOV     A,COLCNT       ;汉字的列数＊16为Y地址
            MOV     B,#16
            MUL     AB
            ANL     A,#3FH         ;列地址为0～63
            ORL     A,#40H
            MOV     CMD,A
            MOV     A,COLCNT
            CJNE    A,#4,SNDIL3
SNDIL3:     JNC     SNDIL4
            CALL    OUTI0
            AJMP    SNDIL5
SNDIL4:     CALL    OUTI1
SNDIL5:     NOP
LOOP1:      MOV     A,HZCNT
            MOVC    A,@A+DPTR
            MOV     DAT,A
            MOV     A,COLCNT
            CJNE    A,#4,SNDDL0
SNDDL0:     JNC     SNDDL1
            CALL    OUTD0
    AJMP    SNDDL2
SNDDL1:     CALL    OUTD1
SNDDL2:     INC     HZCNT
            MOVA    ,HZCNT
            CJNE    A,#10H,LOOP1   ;送汉字的上半部点阵
            MOV     A,ROWCNT
            RL      A              ;汉字的行数＊2为X地址
            ADD     A,#1
            ORL     A,#0B8H        ;显示汉字的下半部点阵
            MOV     CMD,A
            MOV     A,COLCNT
            CJNE    A,#4,SNDIL6
SNDIL6:     JNC     SNDIL7
            CALL    OUTI0
            AJMP    SNDIL8
SNDIL7:     CALL    OUTI1
SNDIL8:     MOV     A,COLCNT       ;汉字的列数＊16为Y地址
            MOV     B,#16
            MUL     AB
            ANL     A,#3FH         ;列地址为0～63
            ORL     A,#40H
```

```
                 MOV        CMD,A
                 MOV      A, COLCNT
                 CJNE     A, #4,SNDIL9
SNDIL9:          JNC      SNDIL10
                 CALL       OUTI0
                 AJMP       SNDIL11
SNDIL10:         CALL       OUTI1
SNDIL11:         NOP
LOOP2:           MOV        A, HZCNT
                 MOVC       A, @ A + DPTR
                 MOV        DAT, A
                 CJNE       A, #4,SNDDL3
SNDDL3:JNC       SNDDL4
                 CALL       OUTD0
                 AJMP       SNDDL5
SNDDL4:          CALL     OUTD1
SNDDL5:          INC        HZCNT
                 MOV        A, HZCNT
                 CJNE       A, #20H,LOOP2
                 RET
DL1S:    .       MOV      R5,#08H
DL0:             MOV      R4,#0FFH
DL1:             MOV      R3,#0FFH
        DJNZ     R3,  $
        DJNZ     R4,DL1
        DJNZ     R5,DL0
                 RET
OUTI0:           PUSH       DPH              ;L 半屏命令
                 PUSH       DPL
                 MOV        DPTR,#0400H
                 MOV        A, CMD
                 MOVX       @ DPTR, A
                 POP      DPL
                 POP      DPH
                 RET
OUTI1:           PUSH       DPH              ;R 半屏命令
                 PUSH       DPL
                 MOV        DPTR,#0800H
                 MOV        A, CMD
                 MOVX       @ DPTR, A
                 POP      DPL
                 POP      DPH
                 RET
OUTD0:           PUSH       DPH              ;L 半屏数据
                 PUSH       DPL
                 MOV        DPTR,#0600H
                 MOV        A, DAT
                 MOVX       @ DPTR, A
                 POP      DPL
                 POP      DPH
                 RET
OUTD1:           PUSH       DPH              ;R 半屏数据
```

```
            PUSH        DPL
            MOV         DPTR,#0A00H
            MOV         A, DAT
            MOVX        @ DPTR, A
            POP     DPL
            POP     DPH
            RET
       ORG    400H
TABHZ:
DB   00H,00H,00H,04H,0fcH,0fcH,04H,04H
DB   04H,04H,08cH,0f8H,070H,00H,00H,00H
DB   00H,00H,00H,020H,03fH,03fH,021H,01H
DB   03H,07H,01dH,03cH,030H,020H,00H,00H        ;R
DB   00H,00H,00H,04H,0cH,03cH,074H,0e0H
DB   080H,0c0H,060H,034H,01cH,04H,00H,00H
DB   00H,00H,00H,020H,030H,02cH,06H,03H
DB   01H,07H,02eH,038H,030H,020H,00H,00H        ;X
DB   00H,00H,04H,0fcH,01cH,070H,0e0H,080H
DB   00H,080H,0e0H,010H,0fcH,0fcH,04H,00H
DB   00H,00H,020H,03fH,020H,00H,01H,07H
DB   01cH,07H,00H,020H,03fH,03fH,020H,00H        ;M
DB   00H,00H,00H,0e0H,0f0H,018H,0cH,04H
DB   04H,04H,0cH,018H,018H,00H,00H,00H
DB   00H,00H,00H,07H,0fH,018H,030H,020H
DB   020H,020H,030H,010H,08H,00H,00H,00H        ;C
DB   00H,00H,00H,04H,0fcH,0fcH,04H,00H
DB   00H,00H,00H,04H,0fcH,04H,00H,00H
DB   00H,00H,00H,00H,0fH,01fH,030H,020H
DB   020H,020H,030H,018H,0fH,00H,00H,00H        ;U
DB   00H,00H,00H,00H,010H,018H,0cH,084H
DB   084H,0ccH,078H,030H,00H,00H,00H,00H
DB   00H,00H,00H,00H,08H,018H,030H,020H
DB   020H,031H,01fH,0eH,00H,00H,00H,00H        ;3
DB   00H,00H,00H,00H,00H,080H,060H,018H
DB   0cH,078H,0e0H,080H,00H,00H,00H,00H
DB   00H,00H,00H,020H,03cH,027H,02H,02H
DB   02H,02H,027H,03fH,03cH,020H,00H,00H        ;A
DB   00H,00H,0f8H,049H,04aH,04cH,048H,0f8H
DB   048H,04cH,04aH,049H,0fcH,08H,00H,00H
DB   010H,010H,017H,012H,012H,012H,012H,0ffH
DB   012H,012H,012H,012H,013H,018H,010H,00H      ;单
DB   00H,00H,0feH,020H,020H,020H,020H,020H
DB   03fH,020H,020H,020H,020H,030H,020H,00H
DB   080H,040H,03fH,01H,01H,01H,01H,01H
DB   01H,0ffH,00H,00H,00H,00H,00H,00H          ;片
DB   010H,010H,0d0H,0ffH,090H,010H,00H,0fcH
DB   04H,04H,04H,0feH,04H,00H,00H,00H
DB   04H,03H,00H,0ffH,080H,041H,020H,01fH
DB   00H,00H,00H,03fH,040H,040H,070H,00H        ;机
DB   010H,010H,010H,0ffH,090H,054H,044H,054H
DB   0e5H,046H,064H,054H,046H,044H,00H,00H
DB   02H,042H,081H,07fH,02H,02H,082H,08aH
```

```
DB    057H,022H,032H,04eH,0c2H,03H,02H,00H        ;接
DB    00H,00H,0fcH,04H,04H,04H,04H,04H
DB    04H,04H,04H,04H,0feH,04H,00H,00H
DB    00H,00H,03fH,010H,010H,010H,010H,010H
DB    010H,010H,010H,010H,03fH,00H,00H,00H        ;口
DB    010H,0cH,04H,044H,08cH,094H,035H,06H
DB    0f4H,04H,04H,04H,04H,014H,0cH,00H
DB    02H,082H,082H,042H,042H,023H,012H,0eH
DB    03H,0aH,012H,022H,042H,0c3H,02H,00H        ;实
DB    02H,0faH,02H,02H,0ffH,042H,020H,050H
DB    04cH,043H,04cH,050H,020H,060H,020H,00H
DB    010H,031H,011H,049H,089H,07fH,042H,05cH
DB    040H,04fH,060H,058H,047H,060H,040H,00H        ;验
DB    00H,042H,024H,010H,0ffH,00H,044H,0a4H
DB    024H,03fH,024H,034H,026H,084H,00H,00H
DB    01H,021H,021H,011H,09H,0fdH,043H,021H
DB    0dH,011H,029H,025H,043H,0c1H,041H,00H        ;装
DB    00H,010H,017H,0d5H,055H,057H,055H,07dH
DB    055H,057H,055H,0d5H,017H,010H,00H,00H
DB    040H,040H,040H,07fH,055H,055H,055H,055H
DB    055H,055H,055H,07fH,040H,060H,040H,00H        ;置
DB    084H,084H,0fcH,086H,084H,0beH,0a0H,0a0H
DB    0a0H,0bfH,0a0H,0a0H,0a0H,0beH,080H,00H
DB    020H,060H,03fH,010H,010H,0feH,02H,02H
DB    07fH,02H,07eH,02H,082H,0ffH,02H,00H        ;瑞
DB    040H,044H,054H,065H,0c6H,064H,0d6H,044H
DB    040H,0fcH,044H,042H,0c3H,062H,040H,00H
DB    020H,011H,049H,081H,07fH,01H,05H,029H
DB    018H,07H,00H,00H,0ffH,00H,00H,00H        ;新
DB    00H,0f8H,048H,048H,048H,048H,0ffH,048H
DB    048H,048H,048H,0fcH,08H,00H,00H,00H
DB    00H,07H,02H,02H,02H,02H,03fH,042H
DB    042H,042H,042H,047H,040H,070H,00H,00H        ;电
DB    040H,020H,058H,047H,054H,054H,054H,054H
DB    054H,054H,0d4H,014H,06H,04H,00H,00H
DB    00H,00H,00H,00H,00H,00H,00H,00H
DB    00H,00H,01fH,020H,040H,080H,070H,00H        ;气
DB    04H,04H,04H,084H,0e4H,03cH,027H,024H
DB    024H,024H,024H,0f4H,024H,06H,04H,00H
DB    04H,02H,01H,00H,0ffH,09H,09H,09H
DB    09H,049H,089H,07fH,00H,00H,00H,00H        ;有
DB    00H,0feH,02H,022H,0daH,06H,00H,0feH
DB    092H,092H,092H,092H,0ffH,02H,00H,00H
DB    00H,0ffH,08H,010H,08H,07H,00H,0ffH
DB    042H,024H,08H,014H,022H,061H,020H,00H        ;限
DB    00H,00H,080H,040H,030H,0cH,00H,0c0H
DB    06H,018H,020H,040H,080H,080H,080H,00H
DB    01H,01H,00H,030H,028H,024H,023H,020H
DB    020H,028H,030H,060H,00H,01H,00H,00H        ;公
DB    010H,010H,092H,092H,092H,092H,092H,092H
DB    0d2H,09aH,012H,02H,0ffH,02H,00H,00H
DB    00H,00H,03fH,010H,010H,010H,010H,010H
```

```
DB   03fH,00H,040H,080H,07fH,00H,00H,00H          ;司
DB   010H,062H,04H,08cH,00H,07eH,02aH,0aaH
DB   06aH,03eH,02aH,02aH,0aaH,07fH,02H,00H
DB   04H,04H,0feH,01H,040H,029H,019H,04dH
DB   08bH,079H,09H,019H,02cH,068H,00H,00H         ;漯
DB   010H,021H,062H,06H,082H,0e2H,022H,022H
DB   022H,0f2H,022H,02H,0feH,03H,02H,00H
DB   04H,04H,0feH,01H,00H,0fH,04H,04H
DB   04H,0fH,040H,080H,07fH,00H,00H,00H           ;河
DB   02H,02H,0feH,092H,092H,0ffH,02H,00H
DB   0fcH,04H,04H,04H,04H,0feH,04H,00H
DB   08H,018H,0fH,08H,08H,0ffH,04H,044H
DB   033H,0dH,01H,01H,0dH,033H,060H,00H           ;职
DB   00H,010H,060H,080H,00H,0ffH,00H,00H
DB   00H,0ffH,00H,00H,0c0H,030H,00H,00H
DB   040H,040H,040H,047H,040H,07fH,040H,040H
DB   040H,07fH,044H,043H,040H,060H,040H,00H       ;业
DB   010H,010H,010H,0ffH,010H,010H,088H,088H
DB   088H,0ffH,088H,088H,08cH,08H,00H,00H
DB   04H,044H,082H,07fH,01H,080H,081H,046H
DB   028H,010H,028H,026H,041H,0c0H,040H,00H       ;技
DB   020H,020H,020H,020H,020H,020H,0a0H,0ffH
DB   0a0H,022H,024H,02cH,020H,030H,020H,00H
DB   010H,010H,08H,04H,02H,01H,00H,0ffH
DB   00H,01H,02H,04H,08H,018H,08H,00H            ;术
DB   040H,030H,011H,096H,090H,090H,091H,096H
DB   090H,090H,098H,014H,013H,050H,030H,00H
DB   04H,04H,04H,04H,04H,044H,084H,07eH
DB   06H,05H,04H,04H,04H,06H,04H,00H             ;学
DB   00H,0feH,022H,05aH,096H,0cH,024H,024H
DB   025H,026H,024H,034H,0a4H,014H,0cH,00H
DB   00H,0ffH,04H,08H,087H,081H,041H,031H
DB   0fH,01H,03fH,041H,041H,041H,070H,00H        ;院
DB   00H,00H,00H,00H,00H,00H,00H,00H
DB   080H,040H,020H,010H,08H,04H,02H,00H
DB   00H,00H,020H,010H,08H,04H,02H,01H
DB   00H,00H,00H,00H,00H,00H,00H,00H             ;/
DB   00H,00H,00H,00H,00H,00H,00H,00H
DB   000H,000H,000H,000H,00H,00H,00H,00H
DB   00H,00H,000H,000H,00H,00H,00H,00H
DB   00H,00H,00H,00H,00H,00H,00H,00H             ;" "
DB   02H,02H,0feH,012H,012H,0feH,02H,011H
DB   012H,016H,0f0H,014H,012H,093H,00H,00H
DB   020H,020H,03fH,011H,011H,0ffH,091H,041H
DB   021H,019H,07H,019H,061H,0c1H,041H,00H       ;联
DB   080H,080H,040H,020H,050H,048H,044H,043H
DB   044H,048H,050H,020H,040H,0c0H,040H,00H
DB   00H,00H,00H,0feH,042H,042H,042H,042H
DB   042H,042H,042H,0ffH,02H,00H,00H,00H         ;合
DB   082H,042H,0f2H,04eH,043H,0c2H,080H,082H
DB   0feH,082H,082H,082H,0ffH,082H,080H,00H
DB   00H,00H,03fH,010H,010H,05fH,020H,018H
```

```
DB    07H,00H,00H,00H,0ffH,00H,00H,00H              ;研
DB    040H,060H,05eH,048H,048H,0ffH,048H,04cH
DB    068H,040H,0f8H,00H,00H,0ffH,00H,00H
DB    00H,00H,03fH,01H,01H,0ffH,011H,021H
DB    01fH,00H,07H,040H,080H,07fH,00H,00H            ;制
DB    00H,00H,00H,00H,00H,00H,00H,00H
DB    000H,000H,000H,000H,00H,00H,00H
DB    00H,00H,000H,000H,00H,00H,00H,00H
DB    00H,00H,00H,00H,00H,00H,00H,00H                ;" "
DB    00H,00H,00H,00H,00H,00H,00H,00H
DB    080H,040H,020H,010H,08H,04H,02H,00H
DB    00H,00H,020H,010H,08H,04H,02H,01H
DB    00H,00H,00H,00H,00H,00H,00H,00H                ;/
      END
```

十一、PWM 波形产生模块

（一）实训目的

掌握 PWM 波形产生的程序编制方式。

（二）实训设备

RXMCU-3A 型单片机接口技术实训装置一套，2#实训导线若干，计算机一台，示波器一台。

（三）接线图

接线图如图 I-12 所示。

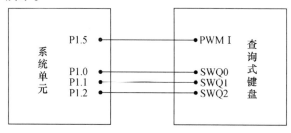

图 I-12　PWM 连接图

（四）实训内容

PWM 波形是一种频率不变，而占空比变化的一种方波。由于 51 系列单片机本身没有 PWM 发生器，因此在这里用两个定时器进行模拟。定时器 0 作为固定周期信号发生器，利用定时器 1 的定时，让口线输出低电平，其余时间输出高电平，这样就可以形成 PWM

信号。

本程序中 P1.0、P1.1、P1.2 引脚相接的按键为 K0、K1、K2。K0 为启/停键，K1 为占空比减小键，K2 为占空比增加键。PWM 波的周期为 10000H 个机器周期。低电平时间为 800H 到 F800H 个机器周期。

实训程序如下：

```
              ORG      0000H
              LJMP     MAIN
              ORG      0BH
              AJMP     TIM0
              ORG      1BH
              AJMP     TIM1
              ORG      30H
    MAIN:     MOV      TMOD,#11H
              MOV      TH1,#0
              MOV      TL1,#0
              MOV      TH0,#08H
              MOV      TL0,#00H
              SETB     ET0
              SETB     ET1
              SETB     EA
              MOV      20H,#0
              MOV      R1,#1
              MOV      R2,#08H
              MOV      R3,#00H
    KEY0:     JB       P1.0,KEY1
              ACALL    DL10MS
              JB       P1.0,KEY1
              JNB      P1.0,CPL 00H
              JNB      00H,KEY00
              SETB     TR1
              SETB     TR0              ;启动
              AJMP     KEY1
    KEY00:    CLR      TR0              ;停止
              CLR      TR1
    KEY1:     JB       P1.1,KEY2
              ACALL    DL10MS
              JB       P1.1,KEY2
              JNB      P1.1,INCR1       ;低电平时间增加
              CJNE     R1,#31,KEY2
              MOV      R1,#30           ;最大值
    KEY2:     JB       P1.2,KEY3
              ACALL    DL10MS
              JB       P1.2,KEY3
              JNB      P1.2,$
              DEC      R1               ;低电平时间减小
              CJNE     R1,#0,KEY3
              MOV      R1,#1 ;
    Key3:     AJMP     KEY0
    DL10MS:   MOV      R5,#30
    DL10:     MOV      R4,#0F0H
```

```
            DJNZ      R4,DJNZR5,DL10
            RET
   TIM0:    SETB      P1.5
            MOV       A,R3
            MOV       B,R1
            MUL       AB
            MOV       R6,A
            PUSH      B
            MOV       A,R2
            MOV       B,R1
            MUL       AB
            POP       B
            ADD       A,B          ;计算定时常数
            MOV       TH1,A
            MOV       TL1,R3
            RETI
   TIM1:    CLR       P1.5
            MOV       TH1,#0
            MOV       TL1,#0
            SETB      TR1
            SETB      TR0
            RETI
            END
```

（五）实训步骤

（1）按接线图接好线路，示波器打开。

（2）输入程序，先经过编译，后装载程序。

（3）单击仿真软件窗口"调试"下的"全速运行"。按一下 K0，开始产生波形。按 K1，减小占空比，用示波器查看 PWM 的波形变化；按 K2，增大占空比，用示波器查看 PWM 的波形变化。

十二、 红外遥控发射接收模块

（一）实训目的

1. 掌握红外遥控发射与接收的方法。
2. 掌握红外接收解码的方法。

（二）实训设备

RXMCU-3A 型单片机接口技术实训装置一套。实训导线若干，计算机一台。

（三） 工作原理及实训说明

在现代家用电器设备中，大部分产品都使用了红外遥控装置。因为红外遥控装置有使用方便，价位低廉，不容易受电气信号的干扰等优点。

红外遥控有很多编码标准，常用的有 PHILIPS 的 RC5 格式标准和 NEC 格式标准。本实训根据一般标准的原则，采用了我们自己设计的一种编码格式，说明如下。

本实训使用的编码包括四部分：引导码，4 位数据码，4 位数据反码和数据间隔。引导码用于标志一个数据的开始，数据码表示发送或接收的数据内容，数据反码是为了校验数据的正确与否而对有效数据的取反。数据间隔表示两组数据的间隔时间。

引导码由 4ms 高电平和 4ms 低电平组成，数字'0'由 0.5 ms 低电平和 0.5 ms 高电平组成，数字'1'由 1.5 ms 的高电平和 0.5 ms 的低电平组成。数据间隔由 2ms 的低电平和 6ms 的高电平组成。

在使用环境中，由于有日光灯、日光光线、发热体等，这些设备都会产生一定的红外线。为了抑制这些干扰信号，一般红外发射接收装置都采用载波发送的方式，载波频率主要有两种，38kHz 和 40kHz。本实训的红外接收头为 38kHz 的一体化接收头，信号放大和解调都在内部完成。因此，发射部分也采用 38kHz 的载波信号。

发射的 38kHz 载波信号由系统数字信号发生器产生。

例如，发射一个数字"5"的波形如图 I-13 所示。

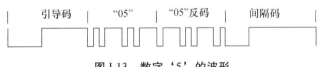

图 I-13　数字'5'的波形

本实训要完成的任务：由装置左侧的系统单元组成遥控接收单元，由装置右侧的仿真系统组成遥控发射单元。

红外遥控接收单元用一位静态数码管做显示，红外遥控接收头完成红外遥控信号的接收放大与高频解调，由经过写入遥控接收并译码显示的单片机脱机系统完成整个系统的接收任务。

红外遥控发射单元由仿真系统、键盘部分组成。它完成 0～F 共 16 个数码的输入，由仿真系统的单片机完成红外发射信号的引导码、数据码、数据反码、间隔码的发射，并由系统的数字信号发生器产生的 38kHz 的载波信号与单片机输出的信号合成，组成完整的红外遥控发射信号。

（四） 接线图

红外发射电路接线图如图 I-14（a）所示，红外接收电路接线图如图 I-14（b）所示。

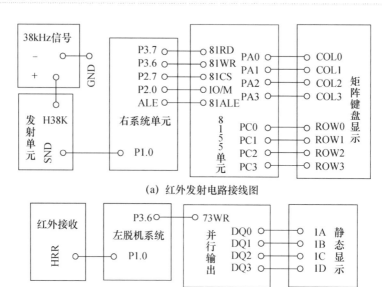

(a) 红外发射电路接线图

(b) 红外遥控发射接收接线图

图 I-14　接线图

（五）源程序

1. 红外发射源程序

```
;  程序注解:
;  发射部分采用10个数字键,每按下一次键盘并且弹起后把编码发送出去
;  电路采用4×4的键盘,从第一行开始为0,1,2,3,第二行为4,5,6,7
;  第三行为8,9(只用前2个),高低电平的时间由定时器计数得到
;  系统采用11.0592 MHz的时钟频率
            ORG     0000H
            AJMP    MAIN
            ORG     000BH
            AJMP    CNT0
            ORG     30H
MAIN:       MOV     SP,#60H
            MOV     TMOD,#01H
            CLR     P1.0
            SETB    ET0
            SETB    EA
            MOV     A,#03H   ;设定PA为输出,PC口为输入
            MOV     DPTR,#7F00H
            MOVX    @DPTR,A
KEY1:       CALL    KS1
            JNZ     LK1     ;有按键按下要延时
            AJMP    KEY1    ;没有则返回
LK1:        CALL    DL12MS;
            CALL    KS1     ;检查有无按键被按下
```

```
            JNZ     LK2 ;有,并且 A 不为零则转到逐列扫描
            AJMP    KEY1 ;没有按键按下返回
LK2:        MOV     R2,#0FEH ;首列扫描字
            MOV     R4,#0
LK4:        MOV     DPTR,#7F01H
            MOV     A,R2
            MOVX    @DPTR,A ;列扫描字送 PA
            INC     DPTR
            INC     DPTR
            MOVX    A,@DPTR ;从 PC 读入行状态
            JB      ACC.0,ROW0
            MOV     A,#00H
            AJMP    LKP
ROW0:       JB      ACC.1,ROW1
            MOV     A,#04H
            AJMP    LKP
ROW1:       JB      ACC.2,NEXT
            MOV     A,#08H
LKP:        ADD     A,R4
            PUSH    ACC
LK3:        CALL    KS1
            JNZ     LK3
            POP     ACC
            MOV     B,A
            SWAP    A
            MOV     R3,A
            MOV     A,B
            CPL     A
            ANL     A,#0FH ;数字的反码
            ORL     A,R3 ;数字与它的反码组合
            CALL    SEND ;发送编码信号
            AJMP    KEY1
NEXT:       INC     R4
            MOV     A,R2
            JNB     ACC.3,KND
            RL      A
            MOV     R2,A
            AJMP    LK4
KND:        AJMP    KEY1
KS1:        MOV     DPTR,#7F01H
            MOV     A,#0
            MOVX    @DPTR,A
            INC     DPTR
            INC     DPTR
            MOVX    A,@DPTR
            CPL     A
            ANL     A,#0FH
            RET
```

209

```
DL12MS:      MOV      R7,#18H
TM:          MOV      R6,#0FFH
             DJNZ     R6,$
             DJNZ     R7,TM
             RET
SEND:        MOV      TH0,#0F1H
             MOV      TL0,#98H
             CLR      P1.0 ;发送引导码的低电平
             SETB     00H
             SETB     TR0
             JB       00H,$
             SETB     P1.0 ;发送引导码的高电平
             MOV      TH0,#0F1H
             MOV      TL0,#98H
             SETB     00H
             SETB     TR0
             JB       00H,$
             CLR      P1.0 ;发送第7位的低电平
             MOV      TH0,#0FEH
             MOV      TL0,#32H
             SETB     00H
             SETB     TR0
             JB       00H,$
             SETB     P1.0 ;发送第7位的高电平
             JB       ACC.7,DAT7H ;
             MOV      TH0,#0FEH
             MOV      TL0,#32H
             SETB     00H
             SETB     TR0
             JB       00H,$ ;高电平时间为0.5ms
             AJMP     NXT1
DAT7H:       MOV      TH0,#0FAH
             MOV      TL0,#9AH
             SETB     00H
             SETB     TR0
             JB       00H,$ ;高电平时间位1.5ms
NXT1:        CLR      P1.0 ;发送第6位的低电平
             MOV      TH0,#0FEH
             MOV      TL0,#32H
             SETB     00H
             SETB     TR0
             JB       00H,$
             SETB     P1.0 ;发送第6位的高电平
             JB       ACC.6,DAT6H ;
             MOV      TH0,#0FEH
             MOV      TL0,#32H
             SETB     00H
             SETB     TR0
```

```
            JB      00H,$ ;高电平时间为0.5 ms
            AJMP    NXT2
DAT6H:      MOV     TH0,#0FAH
            MOV     TL0,#9AH
            SETB    00H
            SETB    TR0
            JB      00H,$ ;高电平时间位1.5 ms
NXT2:       CLR     P1.0 ;发送第5位的低电平
            MOV     TH0,#0FEH
            MOV     TL0,#32H
            SETB    00H
            SETB    TR0
            JB      00H,$
            SETB    P1.0 ;发送第5位的高电平
            JB      ACC.5,DAT5H ;
            MOV     TH0,#0FEH
            MOV     TL0,#32H
            SETB    00H
            SETB    TR0
            JB      00H,$ ;高电平时间为0.5 ms
            AJMP    NXT3
DAT5H:      MOV     TH0,#0FAH
            MOV     TL0,#9AH
            SETB    00H
            SETB    TR0
            JB      00H,$ ;高电平时间为1.5 ms
NXT3:       CLR     P1.0 ;发送第4位的低电平
            MOV     TH0,#0FEH
            MOV     TL0,#32H
            SETB    00H
            SETB    TR0
            JB      00H,$
            SETB    P1.0 ;发送第4位的高电平
            JB      ACC.4,DAT4H ;
            MOV     TH0,#0FEH
            MOV     TL0,#32H
            SETB    00H
            SETB    TR0
            JB      00H,$ ;高电平时间为0.5 ms
            AJMP    NXT4
DAT4H:      MOV     TH0,#0FAH
            MOV     TL0,#9AH
            SETB    00H
            SETB    TR0
            JB      00H,$ ;高电平时间为1.5 ms
NXT4:       CLR     P1.0 ;发送第3位的低电平
            MOV     TH0,#0FEH
            MOV     TL0,#32H
```

```
            SETB    00H
            SETB    TR0
            JB      00H,$
            SETB    P1.0 ;发送第 3 位的高电平
            JB      ACC.3,DAT3H ;
            MOV     TH0,#0FEH
            MOV     TL0,#32H
            SETB    00H
            SETB    TR0
            JB      00H,$ ;高电平时间为 0.5 ms
            AJMP    NXT5
DAT3H:      MOV     TH0,#0FAH
            MOV     TL0,#9AH
            SETB    00H
            SETB    TR0
            JB      00H,$ ;高电平时间为 1.5 ms
NXT5:       CLR     P1.0 ;发送第 2 位的低电平
            MOV     TH0, #0FEH
            MOV     TL0, #32H
            SETB    00H
            SETB    TR0
            JB      00H,$
            SETB    P1.0 ;发送第 2 位的高电平
            JB      ACC.2,DAT2H ;
            MOV     TH0,#0FEH
            MOV     TL0,#32H
            SETB    00H
            SETB    TR0
            JB      00H,$ ;高电平时间为 0.5 ms
            AJMP    NXT6
DAT2H:      MOV     TH0,#0FAH
            MOV     TL0,#9AH
            SETB    00H
            SETB    TR0
            JB      00H,$ ;高电平时间为 1.5 ms
NXT6:       CLR     P1.0 ;发送第 1 位的低电平
            MOV     TH0, #0FEH
            MOV     TL0, #32H
            SETB    00H
            SETB    TR0
            JB      00H,$
            SETB    P1.0 ;发送第 1 位的高电平
            JB      ACC.1,DAT1H ;
            MOV     TH0,#0FEH
            MOV     TL0,#32H
            SETB    00H
            SETB    TR0
            JB      00H,$ ;高电平时间为 0.5 ms
```

```
            AJMP      NXT7
DAT1H:      MOV       TH0,#0FAH
            MOV       TL0,#9AH
            SETB      00H
            SETB      TR0
            JB        00H,$ ;高电平时间为1.5ms
NXT7:       CLR       P1.0 ;发送第0位的低电平
            MOV       TH0,#0FEH
            MOV       TL0,#32H
            SETB      00H
            SETB      TR0
            JB        00H,$
            SETB      P1.0 ;发送第0位的高电平
            JB        ACC.0,DAT0H ;
            MOV       TH0,#0FEH
            MOV       TL0,#32H
            SETB      00H
            SETB      TR0
            JB        00H,$ ;高电平时间为0.5ms
            AJMP      NXT8
DAT0H:      MOV       TH0,#0FAH
            MOV       TL0,#9AH
            SETB      00H
            SETB      TR0
            JB        00H,$ ;高电平时间为1.5ms
NXT8:       CPL       P1.0
            MOV       TH0,#0F8H
            MOV       TL0,#0CCH
            SETB      00H
            SETB      TR0
            JB        00H,$ ;间隔码的低电平时间2ms
            SETB      P1.0
            MOV       TH0,#0EAH
            MOV       TL0,#065H
            SETB      00H
            SETB      TR0
            JB        00H,$ ;间隔码的高电平时间6ms
            RET
CNT0:       CLR       TR0
            CLR       00H
            RETI
```

2. 红外接收程序

```
            ORG       0000H
            AJMP      MAIN
            ORG       30H
MAIN:       MOV       SP,#60H
            MOV       TMOD,#01H
```

```
DEX0:      JB     P1.0,$
           MOV    TH0,#00H
           MOV    TL0,#00H
           SETB   TR0
           JNB    P1.0,$
           CLR    TR0
           MOV    A,#30H
           SUBB   A,TL0
           MOV    A,#0EH
           SUBB   A,TH0
           JNC    INDX1
           AJMP   DEX
INDX1:     MOV    TH0,#00H
           MOV    TL0,#00H
           SETB   TR0
           JB     P1.0,$
           CLR    TR0
           MOV    A,#30H    ;判断引导码的高电平时间
           SUBB   A,TL0
           MOV    A,#0EH
           SUBB   A,TH0
           JNC    INDX2    ;接收到引导码
           AJMP   DEX
INDX2:     MOV    R2,#0
INDX20:    MOV    TH0,#00H
           MOV    TL0,#00H
           SETB   TR0
           JNB    P1.0,$   ;数据 BIT7 的低电平时间
           JB     P1.0,$   ;数据 BIT7 的高电平时间
           CLR    TR0 ;关计数器
           MOV    A,#80H
           SUBB   A,TL0
           MOV    A,#03H
           SUBB   A,TH0 ;判断第一个接收数据的时间是不是大于0.9ms
           JNC    INDX3
           AJMP   DEX
INDX3:     MOV    A,#37H
           SUBB   A,TL0
           MOV    A,#06H
           SUBB   A,TH0 ;判断第1位的时间是不是小于1.8ms
           JNC    INDX4
           CLR    C ;数码的高位为'0'
           AJMP   INDX6
INDX4:     MOV    A,#0EBH
           SUBB   A,TL0
           MOV    A,#07H
           SUBB   A,TH0 ;判断第2位的时间是不是小于2.2ms,大于1.8ms
           JC     INDX5
           AJMP   DEX
INDX5:     SETB   C
INDX6:     MOV    A,21H
           RLC    A
```

```
                MOV       21H,A
                DJNZ      R2,INDX20
                MOV       A,21H
                ANL       A,#0FH ;接收到4位数据码
                MOV       DPTR,#0000H
                MOVX      @DPTR,A ;送显示
                AJMP      DEX0
DEX:            CALL      DL40MS
                AJMP      DEX0
DL40MS:         MOV       R7,#60H
TM:             MOV       R6,#0FFH
                DJNZ      R6,$
                DJNZ      R7,TM
                RET
                END
```

（六）试验步骤

（1）按接线图连接好发射和接收电路。

（2）输入并编译接收程序，然后用编程器烧写程序，把烧写好的芯片插到左系统 DIP40 插座上，并把和右系统的仿真电缆去掉。

（3）输入发送程序，编译并装载程序。全速运行程序。

（4）用一个反射的平板使发射的红外信号反射到接收头上，按下 0～9 的数字键，看接收端的接收显示结果。

十三、ADC0809 的 A/D 转换模块

（一）实训目的

1. 掌握 ADC0809 并行 A/D 转换器的使用方法。
2. 理解器件工作时序图的含义，正确应用时序图进行编程。
3. 掌握 ADC0809 A/D 转换器的编程方法。

（二）实训设备

RXMCU-3A 型单片机接口技术实训装置一套。实训导线若干，计算机一台。

（三）工作时序图

工作时序图如图 I-15 所示。

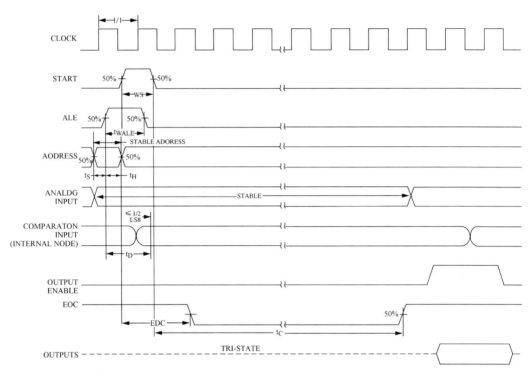

图 I-15　工作时序图

（四）接线图

接线图如图 I-16 所示。

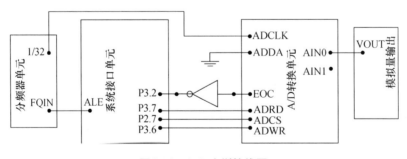

图 I-16　A/D 实训接线图

模拟电压输出接到 A/D 转换器的通道 0，通道选择 ADDA 接地，ALE 经过 3.2 分频接到时钟端，EOC 接 P3.2。ADWR、ADRD、ADCS 分别和系统的 P3.6、P3.7、P2.7 相连。

（五）实训内容

实训电路如图 I-16 所示。片选地址为 7FFFH，数据采集采用中断方式。电压信号从通道 0 输入，A/D 转换时钟由 ALE 信号 32 分频输入。本程序采集 16 组数据，数据存放在内存的 40H～4FH 里。

程序如下：

```
        ORG     0000H
        AJMP    MAIN
        ORG     03H
        AJMP    EXINT
        ORG     100H
MAIN:   MOV     R0, #40H        ;采集数据的地址指针
        MOV     R1, #10H        ;采集数据的数量
        MOV     DPTR, #7FFFH
        SETB    EX0
        SETB    EA
LOOP1:  CLR     A
        MOVX    @DPTR,A         ;启动 A/D 转换
        NOP
        JNB     01H, $          ;转换没有结束,等待
        MOV     @R0,A           ;保存数据
        CLR     01H
        INC     R0
        DJNZ    R1,LOOP1        ;采样不够16次,继续
        SJMP    $
EXINT:  MOVX    A,@DPTR         ;读采样数据
        SETB    01H             ;置中断结束标志
        RETI
        END
```

（六）实训步骤

（1）输入电压从低到高调节，每调节一次，用装置上的直流电压表测量一次电压值，程序运行一次采样，采样 16 次以后，把直流电压表的测量值和内存 40H～4FH 的值进行比较（注：0FFH 对应 5V，00H 对应 0V）。

（2）你也可以把程序改为查询方式或延时方式做一次。这里不再给出两种方式的源程序。

十四、DAC0832 的 D/A 转换模块

（一）实训目的

1. 掌握 DAC0832 并行 D/A 转换器的使用方法。
2. 掌握 DAC0832 并行 D/A 转换器的编程方法。

（二）实训设备

RXMCU-3A 型单片机接口技术实训装置一套。实训导线若干，示波器一台，计算机

一台。

（三）工作时序图

工作时序图如图 I-17 所示。

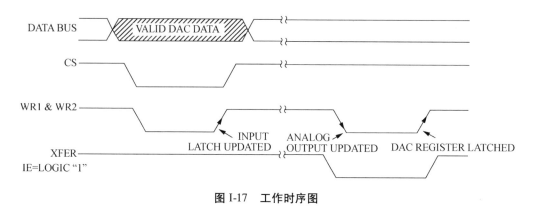

图 I-17　工作时序图

（四）接线图

DACWR 接到系统的 P3.6，DACS 接到系统的 P2.7 。输出 DAOUT 接示波器。

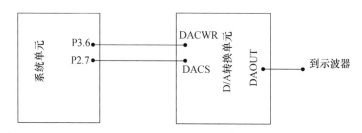

图 I-18　DAC 转换接线图

（五）实训内容

程序如下：

1. 锯齿波程序

```
            ORG     0000H
            AJMP    MAIN
            ORG     30H
MAIN:       MOV     DPTR,   #7FFFH
            CLR     A
LOOP1:      MOV     X       @ DPTR,A
            INC     A
            SJMP    LOOP1
            END
```

2. 三角波程序

```
          ORG     0000H
          AJMP    MAIN
          ORG     30H
MAIN:     MOV     DPTR,    #7FFFH
          CLR     A
LOOP1:    MOV     X        @ DPTR,A
          INC     A
          CJNE    A, #00H, LOOP1
          DEC     A
LOOP2:    MOVX    @ DPTR, A
          DEC     A
          CJNE    A, #0FFH, LOOP2
          SJMP    LOOP1
          END
```

（六）实训步骤

（1）输入第一个程序并检查无误，先把程序汇编好，把示波器的探头接到引脚 D/A 转换输出端 DACOUT。全速运行，观察示波器上的波形。

（2）输入第二个程序并检查无误，先把程序汇编好，把示波器的探头接到引脚 D/A 转换输出端 DACOUT。全速运行，观察示波器上的波形。

十五、单片机之间串口通信模块

（一）实训目的

1. 理解单片机系统的串口通信原理。
2. 掌握单片机之间串行通信的方法。

（二）实训设备

RXMCU–3A 型单片机接口技术实训装置一套。2 号实训导线若干，计算机一台。

（三）工作原理

MCS–51 单片机系统具有一个全双工的串行接口，能同时进行发送和接收数据。控制寄存器 SCON 的各位定义如表 I-9 所示。

表 I-9　控制寄存器 SCON 的各位定义

位符号	SM0	SM1	SM2	REN	TB8	RB8	TI	RI
含义	串口方式选择位。共4种工作方式：8位同步移位、10位异步、收发 UART、11 位异步、收发 UART、11 位异步、收发 UART（波特率可变）	方式 2、方式 3 的多机通信使能位	REN = 1 时允许接收，REN = 0 时禁止接收	发送数据位 8。方式 2、3 的第 9 位数据	接收数据位 8。方式 2、3 的第 9 位数据	发送中断标志位，只能软件清除	接收中断标志位，只能软件清除

详细内容请参考前面所讲的内容。

（四）接线图

接线图如图 I-19 所示。

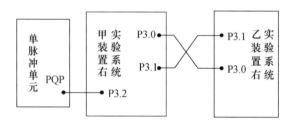

图 I-19　串口通信接线图

（五）实训内容

本实训完成两个实训系统之间的通信。甲实训装置作为发送端，乙实训装置作为接收端，系统频率都采用 11.0592 MHz 的频率，波特率采用 1200 bps。发送端在外部中断 0 有中断到来时，发送"0"到"9"共 10 个数据（二进制）。接收端接收后，把接收的数据放到 40H 单元开始的 10 个 RAM 单元中。

（六）实训步骤

（1）编制甲实验装置的发送程序，经过编译并装载。
（2）编制接收程序，先经过编译并装载。
（3）按接线图连接线路。
（4）全速运行仿真器后，按 SW1 开始发送数据。几秒以后停止仿真器的运行，查看接收的数据。

（七）源程序

源程序如下：

```
;* * * * * * * *   发送程序   * * * * * * *
;串行口工作在方式1,定时器1作为波特率发生器,预置值=0E8H
;外部中断采用边沿触发模式,晶振频率设置为11.0592 MHz
;           ORG     00H
            AJMP    MAIN
            ORG     03H
            AJMP    EXINT
            ORG     30H
MAIN:       MOV     TMOD, #20H
            MOV     TL1, #0E8H
            MOV     TH1, #0E8H
            SETB    TR1
            MOV     SCON, #01000000B;
            SETB    IT0
            SETB    EX0         ;
            SETB    EA
            CLR     00H
LOOP0:      JNB     00H, $
            MOV     A, #0
            MOV     R1, #10
            MOV     R0, #40H
LOOP1:      MOV     @R0, A
            INC     R0
            INC     ACC
            DJNZ    R1, LOOP1
            MOV     R0, #40H
            MOV     R7, #10
LOOP2:      MOV     A,@R0
            INC     R0
            ACALL   SEND
            DJNZ    R7, LOOP2
            CLR     00H
            AJMP    LOOP0
SEND:       MOV     SBUF, A     ;
            JNB     TI, $       ;等待一帧发送完毕
            CLR     TI          ;清TI标志
            RET
EXINT:      SETB    00H
            RETI
            END
;* * * * * * *串口接收程序* * * * * * * * *
            ORG     30H
            MOV     TMOD, #20H
            MOV     TL1, #0E8H
            MOV     TH1, #0E8H
            SETB    TR1
            MOV     R0, #40H
            MOV     R7, #10
LOOP:       ACALL   SPIN
            MOV     @R0, A
            INC     R0
            DJNZ    R7, LOOP
```

```
        SJMP    $
SPIN:   MOV     SCON, #01010000B;
        JNB     RI,$
        MOV     A, SBUF
        RET
        END
```

十六、单片机与 PC 机 RS-232 通信模块

(一) 实训目的

1. 了解单片机系统的串口通信原理。
2. 掌握单片机与 PC 机 RS – 232 串行通信的方法。

(二) 实训设备

RXMCU – 3A 型单片机接口技术实训装置一套。2 号实训导线若干，串口电缆一根，计算机一台。

(三) 工作原理

单片机的 UART 接口输出是 TTL 电平，由于 TTL 电平的远距离传输能力弱，因此几米到十几米范围内的通信采用 RS – 232 通信。RS – 232C 接口在 20 kbps 的传输速率下，可靠的通信距离有 15 m。

(四) 接线图

接线图如图 I-20 所示。

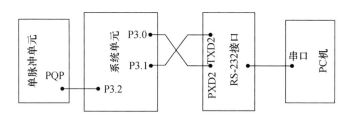

图 I-20 RS232 通信实训接线图

(五) 实训内容

本实训完成实训装置内的仿真系统和 PC 机之间的通信。仿真系统作为发送端，PC 机

作为接收端，系统频率都采用 11.0592 MHz 的频率，波特率采用 1200 bps。发送端发送 "0" 到 "9" 共 10 个数据（二进制）。PC 机上的 "串口调试助手" 接收数据，把接收的数据在软件的接收框里显示。

在做通信实训之前，先打开 "串口调试助手" 界面，然后进行参数设置。

（六）实训步骤

（1）编制发送程序，编制后在仿真器上编译并装载程序。

（2）按接线图连接线路。

（3）全速运行仿真器后，按 SW1 开始发送数据。同时查看 "串口调试助手" 接收的数据，如图 I-21 所示。

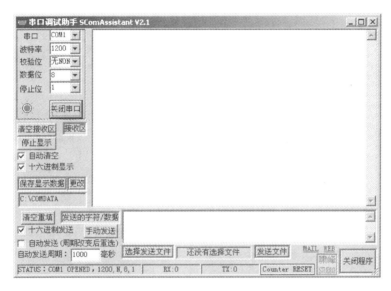

图 I-21　查看 "串口调试助手" 接收的数据

（七）源程序

源程序如下：

```
;* * * * * * * *   发送程序   * * * * * * *
;串行口工作在方式1,定时器1作为波特率发生器,预置值＝0E8H
;外部中断采用边沿触发模式
            ORG     00H
            AJMP    MAIN
            ORG     03H
            AJMP    EXINT
            ORG     30H
MAIN:       MOV     TMOD,#20H
            MOV     TL1,#0E8H
            MOV     TH1,#0E8H
```

```
              SETB    TR1
              MOV     SCON, #01000000B;
              SETB    IT0
              SETB    EX0             ;
              SETB    EA
              CLR     00H
LOOP0:        JNB     00H, $
              MOV     A, #0
              MOV     R1, #10
              MOV     R0, #40H
LOOP1:        MOV     @ R0, A
              INC     R0
              INC     ACC
              DJNZ    R1, LOOP1
              MOV     R0, #40H
              MOV     R7, #10
LOOP2:        MOV     A,@ R0
              INC     R0
              ACALL   SEND
              DJNZ    R7,LOOP2
              CLR     00H
              AJMP    LOOP0
SEND:         MOV     SBUF, A         ;
              JNB     TI, $           ;等待一帧发送完毕
              CLR     TI              ;清 TI 标志
              RET
EXINT:        SETB    00H
              RETI
              END
```

（八）思考题

请做一个双工通信的实训，要求 PC 的"串口调试助手"软件人工发送，同时它本身可以同时接收数据。仿真系统接收到数据后，再把数据发送给 PC。单片机这一侧采用中断的方式进行发送和接收。

十七、 V/F 压频转换模块

（一）实训目的

掌握电压频率变换的使用方法。

（二）实训设备

RXMCU-3A 型单片机接口技术实训装置一套。2#实训导线若干，计算机一台，万用表

一只。

(三) 接线图

接线图如图 I-22 所示。

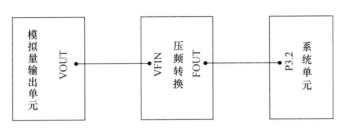

图 I-22　V/F 转换接线图

(四) 实训内容

压频变换电路在要求电气隔离的数据采集中体现出它的优点，由于它只有一根输出口线，因此利用光电耦合器可以实现外部信号和系统的电气隔离。利用一般的光电耦合器可以实现 1000V 以上的隔离。在要求不是很高的情况下，它的变换精度也可以满足要求。本电路 8kHz 的频率下可以达到 0.1% 的精度。

由电路参数可以算出，电路输出频率：$F_{OUT} = 1656 * VFIN$。

在实训时，建议输入电压范围为 0～4.5 V 。

由于输入 0V 电压时，输出频率有只几 Hz，因此精确计算时要减去零点的频率值，测出最高电压的输出频率值，计算出电压与频率的比值，就可以利用测频率比较准确地测出输入电压的数值。

在此实训中，要利用两个定时器/计数器。用定时器 0 做一个 50 ms 的定时器，定时器中断两次后停止定时器 1 的计数，读出定时器 1 的计数值，此值的 10 倍就是测到的频率值。本程序只给出 50 ms 内的计数值。数值高位在 40 H，低位在 41 H。

源程序如下：

```
        ORG     00H
        AJMP    MAIN
        ORG     0BH
        AJMP    TIM0
        ORG     30H
MAIN:   MOV     TMOD,#51H       ;定时器 0 定时模式,定时器 1 计数模式
        CLR     TR1
        CLR     TR0
        MOV     TL0, #00
        MOV     TH0, #0B4H      ;11.0592 MHz 下 50 ms 的定时常数
        MOV     TL1, #0
        MOV     TH1, #0
        SETB    ET0
        SETB    EA
```

```
            SETB    TR0
            SETB    TR1
            SJMP    $
TIM0:       CLR     TR1
            CLR     TR0
            MOV     A,          TL1
            MOV     41H, A
            MOV     A,          TH1
            MOV     40H, A
            MOV     TL0, #0
            MOV     TH0, #0B4H
            MOV     TL1, #0
            MOV     TH1, #0
            SETB    TR0
            SETB    TR1
            RETI
            END
```

（五）实训步骤

（1）连接好线路。

（2）输入并编译装载程序，在中断程序的"RETI"处设置断点。

（3）调节模拟量后，按 F4 键运行到断点处，查看测到的数值。

（4）测出不同电压下的测量值，计算它的结果及它的线性度。

十八、微型打印机接口模块

（一）实训目的

1. 了解 TPuP－40A/16A 微型打印机与 MCS－51 单片机的接口原理。

2. 掌握微型打印机的控制及打印方法。

（二）实训设备

RXMCU－3A 型单片机接口技术实训装置一套。2#防转实训导线若干，TPuP－16A 微型打印机一台（自备），计算机一台。

（三）接线图

接线图如图 I-23 所示。

（四）实训内容

本实训要求完成一个空表格打印任务，表格如下：

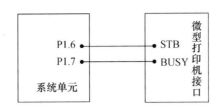

图 I-23　微型打印机接线图

Date:　　年　月　日
No:

程序如下：

```
            ORG   0000H
            AJMP  MAIN
            ORG   30H
MAIN:       NOP
LP1:        JB    P1.7,LP1
            MOV   R4,#DBREL0
LP2:        MOV   A,R4
            MOVC  A,@A+PC
            CLR   P1.6
            MOVX  @R0,A
            SETB  P1.6
LP3:        JB    P1.7,LP3
            INC   R4
            MOV   A,R4
            XRL   A,#DBRELIN
            JNZ   LP2
            SJMP  $
MPTAB:      DB    03H,02H,44H,61H,74H,65H,3AH,20H,
                  20H,20H,20H,8CH,20H,20H,3DH,20H,
                  20H,8EH,08H,01H,4EH,4FH,2EH,20H,
                  20H,20H,20H,0DH
            END
```

（五）实训步骤

（1）按接线图连接好电路，输入程序。输入后编译，排出错误。

（2）装载程序，全速运行程序。

（3）查看打印结果，比较结果与设计的吻合与否。

十九、10M/100M 以太网模块

（一）实训目的

1. 熟悉网络芯片 DM9008AE 的工作原理，以及和 8 位单片机接口的方法。

2. 了解以太网的通信协议知识。

（二）实训设备

RXMCU - 3A 型单片机接口技术实训装置一套。计算机一台，2 号实训导线若干，专用网线一根。

（三）实训接线图

接线图如图 I-24 所示。

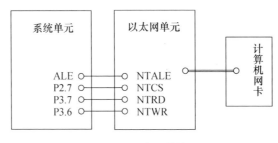

图 I-24　以太网接线图

注意：以太网单元的网线和计算机的网线相连，完成以太网单元和计算机网卡之间的通信。

（四）实训原理

DM9008AE 是一款台湾 DAVICOM 公司的一款 10M/100M 自适应网络接口芯片，它具有 16 位微处理器接口方式和 8 位微处理器接口方式。在这里采用了 8 位微处理器的接口方式。IP 地址可以采用 SPI 接口的 EEPROM 芯片存储，或通过程序写入固定的 IP 地址。在这里采用了程序固定的 IP 地址。

网络的通信是靠一定的协议联络工作的，主要的有 TCP/IP、UDP 等协议。在这里通过一个 UDP 协议完成网络的通信。

（五）使用说明

网络模块设置步骤如下。

（1）计算机端的 IP 地址设置为 $192.168.0.x$，x 为 1～254 之间的数除去 7 的任何数子网掩码为 255.255.255.0，其余项都不填入数据，为空。

（2）把网线接好，如果是网络模块不经过交换机直接和计算机进行连接，网线一定要按照对等网连接的标准制作。排列方法为：一端白橙，橙，白绿，蓝，白蓝，绿，白棕，棕；另一端白绿，绿，白橙，蓝，白蓝，橙，白棕，棕。如果中间经过交换机，连接网线可用平时上网的网线。

（3）再打开 UDP 接受软件或 UDP_TCP 接收软件，目标 IP 地址设为 192.168.0.7，目标端口设为 6668。由于网络模块 IP 地址和端口号取的是固定值，因此这两个设置不能为别的数。

（4）把程序装载到仿真器，进行全速运行。

（5）这时就可以进行数据通信了。在计算机端 UDP 软件或 UDP_TCP 软件在发送时却可填入任何数据，但数据量别大于 10 个字节。发送后，计算机先发送数据到用户板，用户板收到后立即又会返回相同的数据，可在 UDP 软件或 UDP_TCP 软件的接收区看到接收到的数据。

（6）整个通信过程完成。

（六）网络分析软件的设置

在运行数据传输的过程中，可以打开网络分析软件 Ethereal，对传输的过程进行监视。软件的设置如图 I-25 所示。

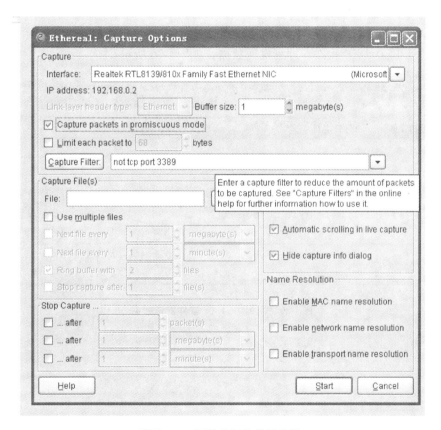

图图 I-25　网络分析软件的设置

运行过程中，可以看到软件运行的画面有 3 个：ARP. BMP、ARP1. BMP、ARP2. BMP。由于图片为 1440 像素 ×900 像素，在这里不再列出，读者可以到"USB 和网络/网络"这个文件夹下查看。

（七）源程序

源程序包括 4 个 C51 程序和 4 个头文件，分别为 UDP. C、ETHERNET. C、IP. C、

MAIN. C 和 IP. H、UDP. H、ETHERNET. H、REG_DM9K. H。

网络程序的项目文件名为：UDP2. MPF。

全部的网络程序见"USB 和网络/网络/UDP2 文件夹"。

（八）实训步骤

（1）按前面的使用说明设置好计算机的网卡 IP 和子网掩码。

（2）按接线图连接好线路。

（3）打开仿真器，设定仿真器的仿真频率为 22. 1184 MHz。

（4）选择"项目管理"菜单里的"打开项目"选项，选中"USB 和网络/网络/UDP2 文件夹"中的"UDP2. MPF"。

（5）全速运行仿真器，这时显示器的右下侧会有"网络已经连接"的提示。

（6）打开 UPD. EXE 软件，即可发送数据，如图 I-26 所示。

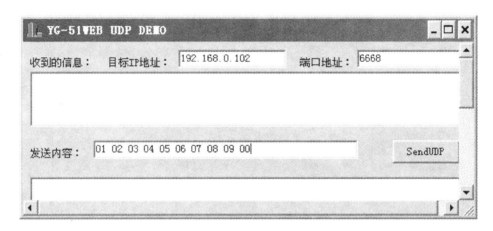

图 I-26　用 UDP. EXE 软件发送数据

参 考 文 献

［1］ 朱兆优，陈坚，邓文娟. 单片机原理与应用—基于 STC 系列增强型 8051 单片机 ［M］. 北京：电子工业出版社，2012.

［2］ 任万强，等. 单片机原理及应用 ［M］. 北京：中国电力出版社，2007.

［3］ 周坚. 单片机 C 语言轻松入门 ［M］. 北京：北京航空航天大学出版社，2006.

［4］ 汪德彪，等. MCS51 单片机原理及接口技术 ［M］. 北京：电子工业出版社，2007.

［5］ 张国锋. 单片机原理及应用 ［M］. 北京：机械工业出版社，2009.

［6］ 于永，等. 51 单片机 C 语言常用模块与综合应用系统设计 ［M］. 北京：电子工业 出版社，2007.

［7］ 彭冬明，等. 单片机实验教程 ［M］. 北京：北京理工大学出版社，2007.

［8］ 李珍，等. 单片机原理与应用技术 ［M］. 北京：清华大学出版社，2003.

［9］ 陈明莹. 8051 单片机课程设计实训教材 ［M］. 北京：清华大学出版社，2004.

［10］ 刘守义. 单片机应用技术 ［M］. 西安：西安电子科技大学出版社，2002.

［11］ 彭伟. 单片机 C 语言程序设计实训 100 例基于 8051 + Proteus 仿真 ［M］. 北京：电 子工业出版社，2009.

［12］ 张大明. 单片机控制实训指导及综合应用实例 ［M］. 北京：机械工业出版社，2007.

［13］ 张齐. 单片机应用系统设计技术—基于 51 的 Proteus 仿真. 北京：电子工业出版 社，2009.

［14］ 郭天祥. 新概念51 单片机 C 语言教程：入门、提高、开发、拓展全攻略 ［M］. 北京：电 子工业出版社，2009.